绣罗衣裳

汉族民间服饰谱系

崔荣荣 主编

牛犁 崔荣荣 著

中国纺织出版社有限公司

内 容 提 要

面对“写在身上的历史”——汉族民间服装，以虔诚的态度与求实求证的工作宗旨，广泛研习传统纺织印染技法、服装制作技艺、装饰工艺、民俗内涵等，注重对于造型、纹样、配饰等设计艺术理论与实践的探索，并将其与服装所蕴含的历史、社会、心理、美学等文化内涵交叉融合，选取代表性物质文化遗产与非物质文化遗产中的上衣下裳、足服、荷包以及织造、印染、制作、装饰等技艺，构建而成“汉族民间服饰谱系”丛书，以期能够展现丰富多彩的汉民族服饰艺术与深厚的民族服饰思想。

《绣罗衣裳》是丛书中的第一本。围绕上衣下裳的服装形制进行研究，探索历代衣裳的发展变化，着重考察近代以来的衣裳造型及分类，及其背后的制作工艺、纹饰艺术、功能特征，进而考察汉族民间衣裳的结构特征、造物思想以及社会意义。

图书在版编目（CIP）数据

绣罗衣裳／牛犁，崔荣荣著.—北京：中国纺织出版社有限公司，2020.1（2023.3重印）

（汉族民间服饰谱系／崔荣荣主编）

ISBN 978-7-5180-6824-1

Ⅰ．①绣…　Ⅱ．①牛…　②崔…　Ⅲ．①汉族—民族服饰—服饰文化—中国　Ⅳ．①TS941.742.811

中国版本图书馆CIP数据核字（2019）第217527号

策划编辑：郭慧娟　　责任编辑：谢婉津
责任校对：楼旭红　　责任印制：王艳丽

中国纺织出版社有限公司出版发行
地址：北京市朝阳区百子湾东里A407号楼　邮政编码：100124
销售电话：010—67004422　传真：010—87155801
http://www.c-textilep.com
中国纺织出版社天猫旗舰店
官方微博http://weibo.com/2119887771
北京华联印刷有限公司印刷　各地新华书店经销
2020年1月第1版　2023年3月第3次印刷
开本：787mm×1092mm　1/16　印张：15
字数：189千字　定价：88.00元

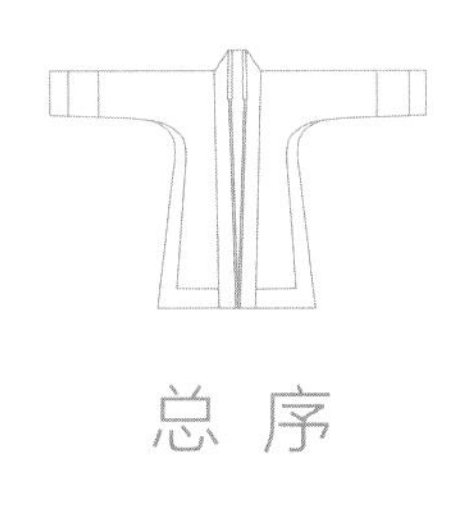

总 序

introduction

汉族民间服饰谱系概述

一、汉族的历史起源

华夏族是汉民族的前身，是中华民族的源头。❶“华夏”一词最早见于周代，孔子视“夏”与“华”为同义词，所谓“裔不谋夏，夷不乱华”。另据《左传》襄公二十六年载：“楚失华夏”，是关于华夏一词的最早记载。❷徐旭生所作的《中国古史的传说时代》认为，中国远古部族的分野，大致可分为华夏、东夷、苗蛮三大部族。华夏部族地处古代中国的西北，主要由炎帝和黄帝所代表的部落组成。❸华夏族是在三大部族的长期交流和战争中融合、同化而成的。炎帝部落势力曾经到达陕西关中，黄帝部落也发展到今河北南部。后来，东夷的帝俊部族和炎帝部族走向衰落，炎黄部落联盟得到极大发展。为了结束各部落集团互相侵伐的混乱局面，蚩尤逐鹿中原，但被黄帝在涿鹿之战中彻底打败。❹后以炎黄部落为主体，与东夷部落组成了更庞大的华夏部落联盟，汉民族后世自称“炎黄子孙”，应是源自于此。

❶ 陈正奇，王建国．华夏源脉钩沉[J]．西北大学学报：哲学社会科学版，2014，44（6）：69-76．

❷ 袁少芬，徐杰舜．汉民族研究[M]．南宁：广西人民出版社，1989．

❸ 徐旭生．中国古史的传说时代[M]．桂林：广西师范大学出版社，2003．

❹ 张中奎．“三皇”和“五帝”：华夏谱系之由来[J]．广西民族大学学报：哲学社会科学版，2008（5）：20-25．

在炎黄部落的基础上，华夏族裔先后建立了夏、商、周朝，形成了华夏族的雏形。张正明认为“华夏族是由夏、商、周三族汇合而成”，及至周灭商，又封了虞、夏、殷的遗裔，华夏就算初具规模了。❶文传洋认为汉民族起源于夏、商、周诸民族，而正式形成于秦汉。❷谢维杨认为：“夏代形成的文明民族，是由夏代前夕的部落联盟转化而来，这个民族就是最初的华夏族。”❸华夏族是民族融合的产物，春秋战国时期，诸侯之间的兼并战争，加强了中原地区与周边少数民族之间的联系，不同民族之间的战争与迁徙使各民族之间相互交流融合，华夏族诞生后又以迁徙、战争、交流等诸多形式，与周边民族交流融合，融入非华夏族的氏族和部落，华夏族的范围不断扩大，逐渐形成了华夏一体的认同观和稳定的华夏民族共同体。

秦王朝结束了诸侯割据纷争的局面，建立了中国历史上第一个中央集权的封建专制国家，华夏民族由割据战乱走向统一。王雷认为“秦的统一使华夏各部族开始形成一个统一的民族；从秦开始到汉代是汉民族形成的时期。”❹汉承秦制，在“大一统”思想的指导下，汉王朝采取了一系列措施加强中央集权，完成了华夏族向汉族的转化。徐杰舜指出：“华夏民族发展、转化为汉族的标志是汉族族称的确定。汉王朝从西汉到东汉，前后长达四百余年，为汉朝之名兼华夏民族之名提供了历史条件。另外，汉王朝国室强盛，在对外交往中，其他民族称汉朝军队为‘汉兵’，汉朝使者为‘汉使’，汉朝人为‘汉人’。于是在汉王朝通西域、伐匈奴、平西羌、征朝鲜、服西南夷、收闽粤南粤，与周边少数民族进行空前频繁的各种交往活动中，汉朝之名遂被他族呼之为华夏民族之名。……总而言之，汉族之名自汉王朝始称。”❺自汉王朝以后，在国家统一与民族融合中，汉族成为中国主体民族的族称。

总体来看，汉民族的形成伴随着华夏、东夷、苗蛮由原始部落向夏商周华夏民族稳定共同体的转变，并经历春秋战国时期的民族交流与融合，华夏一体的民族认同感逐渐形成。秦朝统一六国，并随着汉王朝的强盛完成了华

---

❶ 张正明．先秦的民族结构、民族关系和民族思想——兼论楚人在其中的地位和作用[J]．民族研究，1983（5）：1-12．

❷ 文传洋．不能否认古代民族[J]．云南学术研究，1964．

❸ 谢维杨．社会科学战线[C]．//研究生论文选集：中国历史分册．南京：江苏古籍出版社，1984．

❹ 王雷．民族定义与汉民族的形成[J]．中国社会科学，1982（5）：143-158．

❺ 徐杰舜．中国汉族通史：第1卷[M]．银川：宁夏人民出版社，2012．

夏民族向汉族称谓的转化，在秦汉大一统的时代背景下，汉族自此形成。

二、汉族民间服饰的起源与流变

汉族由古代华夏族和其他民族长期混居交融发展而成，是中华民族大家庭中的主要成员。汉族在几千年的历史发展过程中形成的优秀服饰文化是汉族集体智慧的结晶，是时代发展和历史选择的结果。汉族服饰在不断的发展演变中逐渐形成了以上层社会为代表的宫廷服饰和以平民百姓为代表的民间服饰，二者之间相互借鉴吸收，相较于宫廷服饰的等级规章和制度约束，民间服饰的技艺表现和艺术形式相对自由灵活，成为彰显汉族民间百姓智慧的重要载体。伴随着汉族的历史发展，汉族民间服饰最终形成以“上衣下裳制”和“衣裳连属制”为代表的基本服装形制[1]，并包含首服、足服、荷包等配饰体系。[2]

（一）汉族民间服饰的起源

汉族服饰的起源可以追溯到远古时期，最初人类用兽皮、树叶来遮体御寒，后来用磨制的骨针、骨锥来缝纫衣服。[3]先秦时期是汉族服饰真正意义上的发展期，殷商时期已有冕服等阶级等别的服饰[4]，商周时期中国的服装制度开始形成，服装形制和冠服制度逐步完备，形成了汉族服饰的等级文化。在汉族民间服饰的形成和发展阶段，受传统服饰等级制度的制约，贵族服饰引导和制约着民间服饰的发展，汉族民间服饰虽没有贵族服饰的华丽精美，但服装形制与贵族服饰大体一致。

上衣下裳是商周时期确立的服饰形制之一，上衣为交领右衽的服装形制，衣长及膝，腰间系带；下裳即下裙，裙内着开裆裤。周王朝以“德”“礼”治天下，确立了更加完备的服饰制度，中国的衣冠制度大致形成。冕服是周代最具特色的服饰，主要有冕冠、玄衣、纁裳、舄等主体部分及蔽膝、绶带等配件组合而成，是帝王臣僚参加祭祀典礼时最隆重的一种礼冠，纹样视级别高低不同，以“十二章”为贵，早期服饰的“等级制度”基本确立。除纹样

---

[1]《中华上下五千年》编委会．中华上下五千年：第2卷[M]．北京：中国书店出版社，2011．

[2] 袁仄．中国服装史[M]．北京：中国纺织出版社，2005．

[3] 蔡宗德，李文芬．中国历史文化[M]．北京：旅游教育出版社，2003．

[4] 袁仄．中国服装史[M]．北京：中国纺织出版社，2005．

外，早期服饰的等级性在服饰材料上亦有所体现。夏商时期人们的服用材料以葛麻布为主，只是以质料的粗细来区分差别。西周至春秋时，质地轻柔、细腻光滑、色彩鲜亮的丝绸被大量用作贵族的礼服，周天子和诸侯享有精美质料制成的华衮大裘和博袍鲜冠，以衣服质料和颜色纹饰标注身份。[1] 下层社会百姓穿着用粗毛织成的“褐衣”。

深衣是春秋战国时期盛行的衣裳连属的服装形制，男女皆服，深衣的出现奠定了汉族民间服装的基本形制之一。《礼记·深衣篇》载：“古者深衣盖有制度，以应规矩，绳权衡。短勿见肤，长勿披土。续衽钩边，要缝半下。袼之高下可以运肘，袂之长短反诎肘。”[2] 其基本造型是先将上衣下裳分裁，然后在腰部缝合，成为整长衣，以示尊祖承古，象征天人合一，恢宏大度，公平正直，包容万物的东方美德；其袖根宽大，袖口收祛，象征天道圆融；领口直角相交，象征地道方正；背后一条直缝贯通上下，象征人道正直；下摆平齐，象征权衡；分上衣、下裳两部分，象征两仪；上衣用布四幅，象征一年四季；下裳用布十二幅，象征一年十二月。故古人身穿深衣，自然能体现天道之圆融，怀抱地道之方正，身合人间之正道，行动进退合乎权衡规矩，生活起居顺应四时之序。深衣成为规矩人类行为方式和社会生活的重要工具。

（二）汉族民间服饰的流变

商周时期出现的“上衣下裳”与“衣裳连属”确立了中国汉族服饰发展的两种基本形制，汉族民间服饰在此基础上不断发展演进，在不同的历史时期出现丰富多彩的服饰形制。

1.上衣下裳制的服装演变

商周时期形成上衣下裳的基本服饰形制，以后历代服饰在此基础上不断发展完备，常见的上衣品类有襦、袄、褂、衫、比甲、褙子，下裳有高襦裙、百褶裙、马面裙、筒裙等，除裙子外常见的下裳还有胫衣、犊鼻裈、缚裤等裤子。

襦裙是民间穿着上衣下裳的典型代表，是中国妇女最主要的服饰形制之一，襦为普通人常穿的上衣，通常用棉布制作，不用丝绸锦缎，长至腰间，

---

[1] 吴爱琴. 先秦时期服饰质料等级制度及其形成[J]. 郑州大学学报：哲学社会科学版，2012，45（6）：151-157.

[2] 黎庶昌. 遵义沙滩文化典籍丛书：黎庶昌全集六[M]. 黎铎，龙先绪，点校. 上海：上海古籍出版社，2015.

又称“腰襦”。按薄厚可分为两种：一种为单衣，在夏天穿着，称为“禅襦”；另一种加衬里的襦，称为“夹襦”；另外絮有棉絮、在冬天穿着的则称为“复襦”。妇女上身穿襦，下身多穿长裙，统称为襦裙。汉代上襦领型有交领、直领之分，衣长至腰，下裙上窄下宽，裙长及地，裙腰用绢条拼接，用腰部系带固定下裙。秦汉时期的襦为交领右衽，袖子很长，司马迁就有“长袖善舞，多钱善贾”的描述。魏晋时期上襦为交领，衣身短小，下裙宽松，腰间用束带系扎，长裙外着，腰线很高，已接近隋唐样式。隋唐时期女性着小袖短襦，下着紧身长裙，裙腰束至腋下，用腰带系扎。唐朝的襦形式多为对襟，衣身短小，袖口总体上由紧窄向宽肥发展，领口变化丰富，其中袒领大袖衫流行一时。到宋代受到程朱理学思想的影响，襦变窄变长，袖子为小袖，并且直领较多，后世的袄即由襦发展而来。明代时上衣下裙的长短、装饰变化多样，衣衫渐大，裙褶渐多。

下裳除裙子外，裤子也是下裳的常见类型之一。裤子的发展历史是一个由无裆变为有裆，由内穿演变为外穿的过程。早期裤子作为内衣穿着，赵武灵王胡服骑射改下裳而着裤，但裤子仅限于军中穿着，在普通百姓中尚未得到普及。汉代时裤子裆部不缝合，只有两只裤管套在胫部，称为“胫衣”。“犊鼻裈”由“胫衣”发展而来，与“胫衣”的区别之处在于两根裤管并非单独的个体，中间以裆部相连，套穿在裳或裙内部作为内衣穿着。汉朝歌舞伎常穿着舞女大袖衣，下穿打褶裙，内着阔边大口裤。魏晋南北朝时存在一种裤褶，名为缚裤，缚裤外可以穿裲裆铠甲，男女均可穿着。宋代时裤子外穿已经十分常见，但大多为劳动人民穿着，女性着裤既可内穿，亦可外穿露于裙外，裤子外穿的女子多为身份较为低微的劳动人民。

2.衣裳连属制的服装演变

汉族民间衣裳连属制的服装品类包括直裾深衣、曲裾深衣、袍、直裰、褙子、长衫等，属于长衣类。深衣是最早的衣裳连属的形制之一，西汉以前以曲裾为主，东汉时演变为直裾，魏晋南北朝时在衣服的下摆位置加入上宽下尖形如三角的丝织物，并层层相叠，走起路来飞舞摇曳，隋唐以后，襦裙取代深衣成为女性日常穿着的主要服饰。

袍为上下通裁衣裳连属的代表性服装，贯穿汉族民间服饰发展的始终，是汉族民间服饰的代表性形制之一。秦代男装以袍为贵，领口低袒，露出里

衣，多为大袖，袖口缩小，衣袖宽大。魏晋南北朝时，袍服演变为褒衣博带，宽衣大袖的款式。唐朝时圆领袍衫成为当时男子穿着的主要服饰，圆领右衽，领袖襟有缘边，前后襟下缘接横襕以示下裳之意。宋朝时的袍衫有宽袖广身和窄袖紧身两种形式，襕衫也属于袍衫的范围。襕衫为圆领大袖，下施横襕以示下裳，腰间有襞积。明代民间流行曳撒、褶子衣、贴里、直裰、直身、道袍等袍服款式。清代袍服圆领、大襟右衽、窄袖或马蹄袖、无收腰、上下通裁、系扣、两开衩或四开衩、直摆或圆摆；民国时期男子长袍为立领或高立领、右衽、窄袖、无收腰、上下通裁、系扣、两侧开衩、直摆；民国女子穿的袍为旗袍，形制特征为小立领或立领、右衽或双襟、上下通裁、系扣、两侧开衩、直摆或圆摆，其中腰部变化丰富，20世纪20年代为无收腰，后逐渐发展成有收腰偏合体的造型。

除上衣下裳和衣裳连属的服装外，汉族民间服饰还包括足衣、荷包等配饰。足衣是足部服饰的统称，包括舄、履、屦、屐、靴、鞋等。远古时期已经出现了如皮制鞋、草编鞋、木屐等足服的雏形，商周时期随着服饰礼仪的确立，足服制度也逐渐完备，主要以舄、屦为主，穿着舄、屦时颜色要与下裳同色，以示尊卑有别的古法之礼。鞋舄为帝王臣僚参加祭祀典礼时的足衣，搭配冕服穿着；屦则根据草、麻、皮、葛、丝等原材料的不同而区分，如草屦多为穷苦人穿着，而丝屦则多为贵族穿着。以后历代足衣的款式越来越多样，鞋头的装饰日趋丰富，从质地分，履有皮履、丝履、麻履、锦履等；从造型上看，履有笏头履、凤头履、鸠头履、分梢履、重台履、高齿履等。各个朝代也有自己代表性的足衣，如隋唐时期流行的乌皮六合靴，宋元以后崇尚缠足之风的三寸金莲，近代在西方思潮的影响下，放足运动日趋盛行，三寸金莲日渐淡出历史舞台，天足鞋开始盛行等，各个朝代丰富的足衣文化构成我国汉族服饰完整的足衣体系。

除足衣外，荷包亦是汉族服饰的重要服饰配件。荷包主要是佩戴于腰间的囊袋或装饰品，除作日常装饰外，也可用来盛放一些随用的小物件和香料。古时人们讲究腰间杂佩，先秦时期已有佩戴荷包的习俗，唐朝以后尤为盛行，一直延续到清末民初。荷包既有闺房女子所做，用于彰显女德，又有受绣庄订制由城乡劳动妇女绣制的用于售卖的荷包。荷包是我国传统女红文化的重要组成部分，除实用性与装饰性外还具有辟邪驱瘟、防虫灭菌的作用，寄托着佩戴者向往美好生活的精神情怀。

三、汉族民间服饰知识谱系

汉族民间服饰丰富多彩的服饰形制中不仅包含服饰的形制特色、服装面料、织物工具、色彩染料等物质文化遗产的诸多方面，还包括技艺表达、情感寄托、审美倾向、社会风尚等非物质文化遗产的表达。物质形态汲取民间创作的集体灵感，在形式表现上具有多样性，非物质文化遗产背后则蕴含着更多的情感寄托和人文情怀，是彰显民间百姓真善美的重要载体。汉族民间服饰知识谱系的建构有助于理清汉族民间服饰的历史脉络，挖掘其中蕴含的物质文化遗产与非物质文化遗产，探究其背后的时代文化内涵，促进汉族民间服饰文化的历史保护和文化传承。

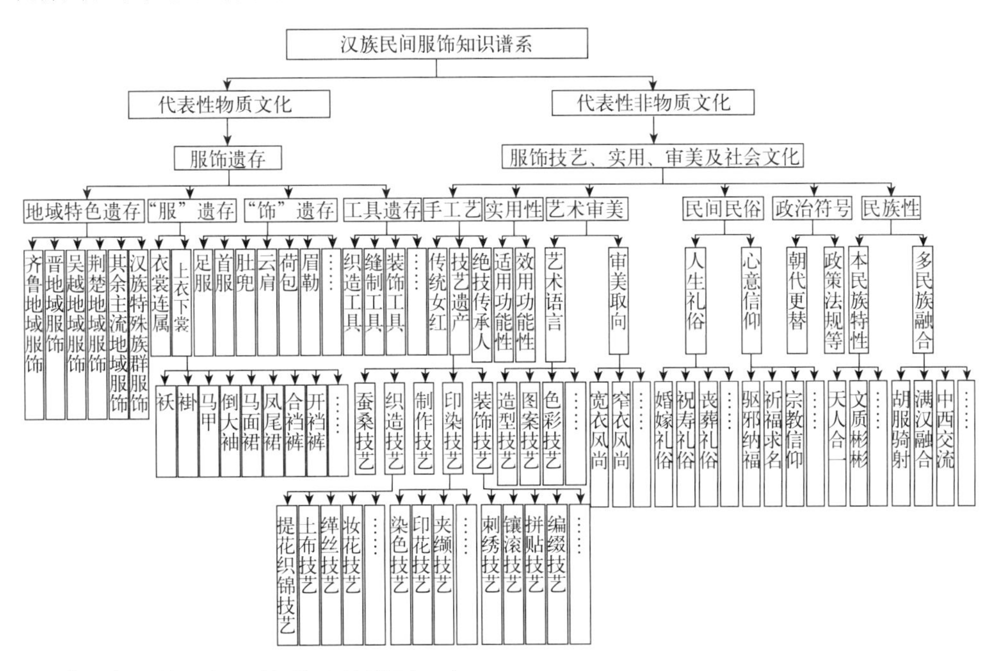

（一）汉族民间服饰的品种类别研究

现存汉族民间服饰包含多种不同形态的服饰品类，这些服饰品类不仅具有空间地域上服饰形制的显著差别，还涉及历史发展中服饰形制的接受与拒绝，既有对历史传统服饰形制的传袭与继承，也有为适应时代发展进行的改良与创新。汉族民间服饰品类的发展与变化既是个人审美时尚的标识符号，也是时代变迁和朝代更迭的物化载体。传统汉族民间服饰品类的研究有助于深究汉族民间服饰形制的演变规律和时代特色，还原其历史发展的真实面貌。

（二）汉族民间服饰的染织技艺研究

汉族民间服饰的染色表达多用纯天然的植物染色和矿物染色表现，染料的选择、染料的配比、染色的浓淡、染料的命名、固色的效果等都较为复杂，形成了自成一套的色彩表现方法，并创造出画绘、扎染、蜡染、蓝夹缬、彩色印花等多种染色方法。与汉族民间服饰的染色体系相似，在传统小农经济男耕女织的时代背景下，汉族民间服饰的织物获得除少数由购买所得，大都以家庭为单位自给自足手工生产制作，织造种类的确定、织造技巧的掌握、织造工具的选择、织造图案的表现、组织结构的变化等都是织物生产的重要环节。汉族民间服饰的染织技艺取材天然，步骤细致，过程繁杂，形式多样，是汉族百姓集体智慧和创造力的表现。

（三）汉族民间服饰的制作技艺研究

汉族民间服饰的制作基本都采用手工制作，历经几千年的发展，成为一门极具特色和科学性的手工技艺，凝结着古人的细密心思和卓越智慧。很多传统服饰制作手艺如“缝三铲一”的制作手法、“平绞针”“星点针”等特殊针法、“刮浆”等古老技艺，以及传统装饰手法如镶、滚、嵌、补、贴、绣等所谓“十八镶”工艺等，这些极具艺术价值的传统制作工艺随着大批身怀绝技的传承人的去世面临“人亡艺绝”的窘境，亟待得到保护传承与文化研究。运用文字、录音、录像、信息数字化多媒体等方式对汉族民间服饰的裁剪方法与制作手艺进行记录与整理，对实物的制作流程、使用过程及其特定环境加以展现，保存这些具有独特性和地域性的传统技艺，形成汉族民间服饰制作技艺的影像资料，并从服装结构学、服装工艺学的角度进行拓展性研究，建立完善汉族民间服饰制作技艺的理论构架势在必行。

（四）汉族民间服饰的装饰艺术研究

汉族民间服饰的形制造型、图案表达、纹样选择、色彩搭配等诸多方面都是汉族民间服饰装饰艺术的重要表现形式，也是彰显内在个性、记录服饰习俗、表现社会审美倾向的外在物化表现。其中刺绣是汉族民间百姓最为常见的装饰手法，不同年龄、性别、群体、地域对刺绣的色彩和图案选择都有一定的倾向性，在表现汉族民间服饰内在审美心理的同时也是民俗文化和地域文化的体现。汉族民间服饰中蕴含的丰富的装饰技艺方法是美化汉族民间服饰的主要方式，使汉族民间服饰呈现出精致绝美的装饰效果，对汉族民间服饰装饰艺术的深入学习和理解不仅可以促进传统装饰技艺的保护与传承，同时可以为现代服饰装饰设计提供服务。

四、汉族民间服饰价值谱系

传统汉族民间服饰在历史发展中形成了丰富多彩的服饰形制，这些服饰形制是时代发展和历史选择的结果，不仅具有靓丽耀眼的外在形式，更具有璀璨深刻的精神内涵，是汉民族集体智慧的结晶。构建汉族民间服饰的价值体系，不是仅仅保留一种形式，更是保留汉族社会发展过程中的历史面貌，守护汉族民间服饰中蕴含的精神文化内涵，具有弘扬中华民族优秀传统服饰文化的理论价值、促进传统文化产业开发的应用价值以及彰显古代劳动人民精神智慧的人文价值。

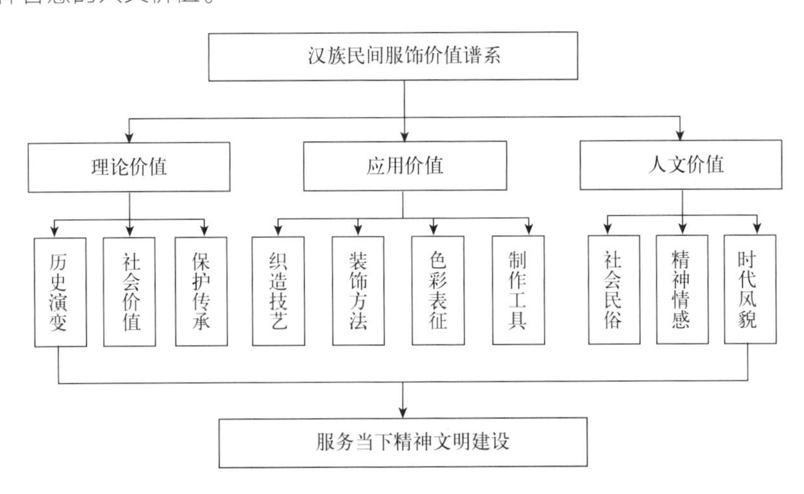

（一）弘扬民族文化的理论价值

传统服饰文化是中华民族优秀传统文化的重要组成部分，汉族民间服饰作为我国优秀传统服饰文化的重要内容之一，在展现劳动人民集体智慧的同时彰显时代发展的印记，是所处时代社会、历史、文化、技艺等综合因素的集中体现，是社会发展的物化载体。挖掘传统汉族民间服饰中的文化内涵，探索古代劳动人民的精神智慧，关注反映时代发展的社会风貌，有助于建设汉族民间服饰发展的理论体系，对弘扬中华民族优秀传统服饰文化起到引导和借鉴意义。

（二）文化产业开发的应用价值

当前，随着中国经济的强势崛起，中国传统服饰文化受到前所未有的关注，中国风在全球时装界愈演愈烈，市场意义深远。汉族民间服饰文化中有大量值得借鉴的艺术形式，如装饰手法、搭配方式、色彩处理等。汉族民间优秀文化元素的创意开发，需要与时俱进地结合当下的审美观念和市场需求，在融合与创新中推陈出新，避免简单粗暴的元素复制，生产符合当下社会需求的文化产品，在推动民族服饰品牌发展的同时，促进人文精神的传承和文化产业的发展。

随着信息化进程的加速推进，全球一体化、同质化的趋势日趋鲜明，人文精神的力量和软实力的竞争日趋凸显。然而，中国优秀传统文化的流失使许多年轻人对本民族的传统文化认知不清，对传统汉族民间服饰的历史脉络及文化发展存在诸多错误的认知，对很多有关传统汉族服饰的概念理解也不甚清晰。传统汉族民间服饰承载着中华民族历史发展进程中优秀的民族文化，是展现民族智慧的物化载体，对汉族民间服饰的关注与保护有利于人文精神的彰显和民族文化的传承。

五、汉族民间服饰的特色符号阐释

汉族民间服饰有别于宫廷贵族服饰和少数民族服饰，具有原始质朴的特点。由于生产力的限制，男耕女织，植物染色，手工缝制，装饰图案，所有环节都依靠妇女手工或者简易机器完成，是小农经济下手工劳动的产物，在长期历史发展中，保留了一些独具特色的服饰文化符号。

（一）汉族民间服饰的主要特征

汉族民间服饰在历史发展中主要具有以下几个特征：（1）交领右衽。衽，本义衣襟。左前襟掩向右腋系带，将右襟掩覆于内，称交领右衽，反之称交领左衽。汉族民间服饰有一直沿用交领右衽的传统，这与古代以右为尊的思想密切相关，古人认为右为上，左为下。汉族民间服饰受少数民族的着装习惯影响也有着交领左衽的情况，但交领右衽是汉族民间服饰领襟形制的主流。（2）褒衣博带。指衣服宽松，腰间使用大带或长带系扎。受传统封建思想的影响，中国传统服饰强调弱化人体，模糊人体的性别差异，这与西方文化的穿衣理念中有意突出人体，强调性别特征形成对比。受中国传统“隐”的服装理念的影响，汉族民间服饰大都衣服宽松，忽视人体的性别特征。（3）系带隐扣。汉族民间服饰很少使用扣子，多在腋下或衣侧打结系扎。

（二）汉族民间服饰的代表性纹样

汉族民间服饰纹样以具有吉祥寓意的花卉植物图案、动物图案、器物图案、人物图案、几何图案为主。汉族民间服饰中常见的植物纹样有水仙、牡丹、兰花、岁寒三友、菊花、桃花、石榴、佛手、葫芦、柿子等，穿着时一般选择应季生长的植物，多表达“多子多福”“事事如意”“富贵平安”等吉祥化寓意。常见的动物纹样有蝙蝠、鹿、猫、蝴蝶、龟、鹤等动物形象。器物纹样有八宝纹、盘长纹、如意纹、暗八仙等。八宝象征吉祥、幸福、圆满。盘长纹原为佛教八宝之一，也叫吉祥结，回环贯彻，象征永恒，在汉族民间服饰中常用以表达子孙兴旺、富贵绵延之意。暗八仙为简化的八仙器物，祝寿或喜庆节日场合常常使用。如意纹在汉族民间服饰中常用以表达“平安如意”“吉庆如意”“富贵如意”的含义。此外，汉族民间服饰中常用八仙祝寿、童子献寿、寿星图、三星图等人物图案来表达吉祥长寿的美好愿望，或使用多种形式的寿字与不同的吉祥图案搭配，寓意福寿绵绵，人物纹样多以团纹或边饰纹样表现文学作品的故事情节。

（三）汉族民间服饰的色彩哲学

《左传·定公十年疏》:“中国有礼仪之大，故称夏；有服章之美，谓之华。”可见“礼”是传统汉族服饰文化的核心内涵，汉族民间服饰亦不例外。《诗经邶风·绿衣》里曾有“绿衣黄里”“绿衣黄裳”之句，给人感觉内容有关服饰色彩，其实《绿衣》是卫庄公夫人卫姜，因自己失位伤感而作。黄为正色，是尊贵之色，作衣里和下裳；绿为间色，是卑贱之色，反而作衣表和上衣。[1]这是表里相反、上下颠倒，就像卑者占了尊位一样。汉族民间服饰的礼服与常服、上衣与下裳的着装色彩都有一定的规定。受传统阴阳五行观念的影响，传统汉族服饰的礼服常用正色，常服用间色；上衣用正色，下裳用间色；贵族服饰多用正色，平民服饰多用由正色调配出来间色。春秋时“散民不敢服杂彩”，普通庶民多穿着没有色彩的服色。中国民俗中传统汉族服饰以红色、白色历史较为悠久。红色具有热烈奔放的色彩特征，具有驱邪避灾的寓意，在婚礼、祝寿等喜庆场合广泛使用。白色在汉族民间服饰色彩中具有不祥寓意，多为葬礼时穿着，办丧事时不能穿戴鲜艳的服装和首饰，汉族民间服饰中红白喜事对红色和白色的使用已成为民俗习惯演变至今。

汉民族在长期历史发展过程中形成了独具特色的民间服饰文化，具有悠久的历史、丰富的种类、精美的造型、朴素的色彩，集物质文化与精神财富

[1] 诸葛铠．裂变中的传承[M]．重庆：重庆大学出版社，2007.

为一体，是体现民族自豪感和彰显民族凝聚力的核心所在，是时代发展和历史选择的见证者，体现了中国服饰发展悠久的历史文明。

六、汉族民间服饰传承谱系

汉族民间服饰文化是中华民族优秀服饰文化的重要组成部分，是数千年来我国汉族人民用勤劳的双手创造出来的智慧结晶，并与民间的社会生活、民俗风情、民族情感以及精神理想连接在一起，也是表达民俗情感、表现民间艺术的重要载体，反映了我国丰富多彩的社会面貌与精神文化，是我国重要的服饰文化遗产。在当下社会环境、自然环境、历史条件发生巨大变化的情况下，汉族民间服饰作为反映社会文化形态变迁最直接的物化载体，如何既保持汉族民间服饰文化的精髓，又能与时俱进以活态形式创新传承，使汉族民间服饰的优秀因子在时代更迭中不断创新，融入时代元素辩证发展，首先需要建立完整与完善的汉族民间服饰保护与传承体系。

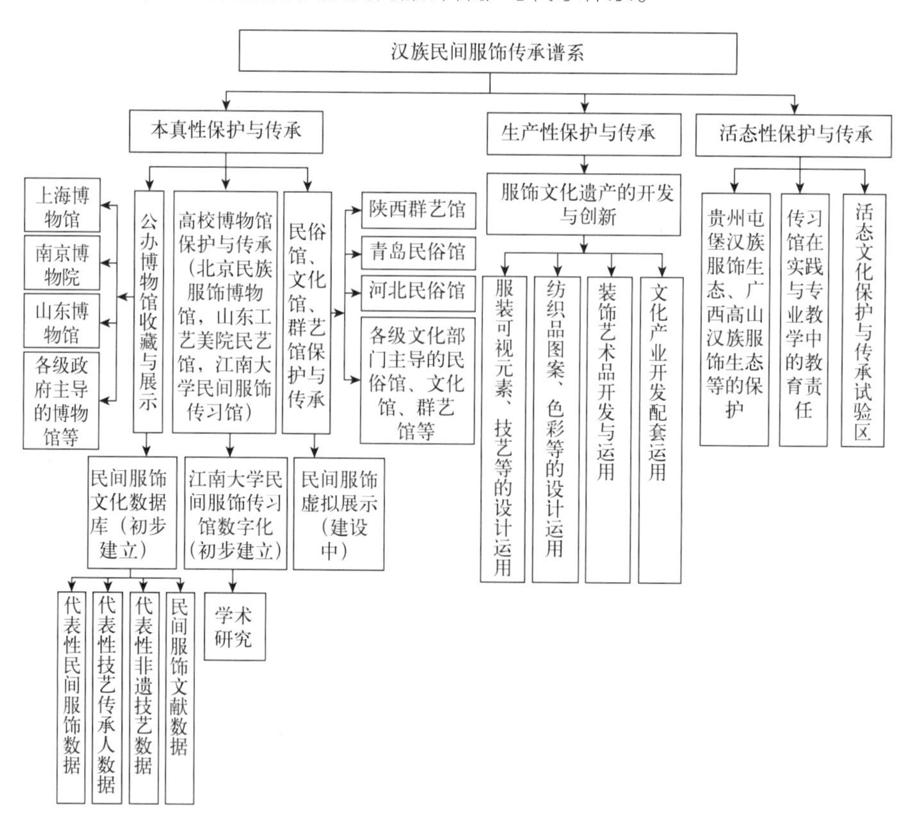

汉族民间服饰文化遗产的传承有三个目的。第一是保护。由于社会的变迁、重构而使生产方式、生活方式发生变化，传统汉族民间服饰的物质形态很难适应当下的社会需求，并且随着大批身怀绝技的传承者衰老去世，很多优秀的汉族民间服饰文化几近失传。对汉族民间服饰的物质形态和身怀绝技的传承者进行摸底考察，建立汉族民间服饰文化的应急保护措施是目前的当务之急。第二是传承。鼓励培养汉族民间服饰传承人，以融入现代生活为导向，增强汉族民间服饰文化的生存活力，将传统汉族民间服饰文化与当代时尚设计和生活方式相结合，将传统汉族服饰文化融入到现代生活中，同时加强汉族民间服饰的宣传展示与交流，推进汉族民间服饰文化的现代传承。第三是发展。汉族民间服饰中的优秀文化成分不能为了保护而束之高阁，也不能为了发展破坏良好的文化基因，需要结合当下文化发展的现实需要，实现传统汉族民间服饰中优秀文化元素的可持续发展。

传统汉族民间服饰文化遗产的保护与传承可以分为以下三种途径：其一是以博物馆为代表的本真性保护与传承。博物馆在汉族民间服饰文化的保护与传承中扮演着重要角色，是收藏汉族民间服饰物质载体和文化研究的重要机构。借鉴以中国丝绸博物馆为代表的一批在服饰文化遗产保护和传承方面做得较好的展馆的保护经验，对现存汉族民间服饰的品种类别、保存现状、数量体系等进行全面考察，建立汉族民间服饰的专门性展馆和在线博物馆数据展示平台，构建一个汉族民间服饰博物馆系统的完整服饰保存体系。

其二是进行生产性保护与传承。在社会变迁重构中，如果汉族民间服饰文化不能以物态化的形式进行价值转型与提升，势必会影响到汉族民间服饰的保护与传承。汉族民间服饰具有悠远的历史文明与服饰渊源，在保护汉族民间物质文化形态的同时，更要结合现代的时尚审美理念对其进行创新应用。重点借鉴传统汉族民间服饰中的艺术形式和装饰手法，吸收传统汉族民间服饰中蕴含的设计智慧，将汉族民间服饰中的优秀文化转化为符合当下需求的时尚商品，在市场竞争中重新焕发生机与活力。

其三是进行活态性保护与传承。目前在四川、云南等偏远地区少数民族仍保留有尚未被现代化浪潮冲击的汉族民间服饰的完整生存空间，如广西的高山汉族、贵州的屯堡等，这些完整的汉族民间服饰文化生存空间是展现汉族民间服饰的传统生存面貌、还原汉族民间生活方式的活化石。在保护展示

这些汉族民间服饰生存空间的同时保持其历史性、完整性、本真性、持久性是实现其可持续发展的重要原则。积极关注传统汉族民间服饰的历史空间及其发展动态，展示传统汉族民间服饰的原始形态，保护传统汉族民间服饰的物质形态及手工技艺，实现传统汉族民间服饰历史面貌的活态性保护与传承。

在国家文化复兴战略的社会背景下，汉族民间服饰作为我国优秀传统文化的重要组成部分，做好汉族民间服饰的保护传承与交流传播，思考从不同视角提升汉族民间服饰发展的有效方式，探讨未来汉族民间服饰文化的创新发展与实践应用，防止汉族民间服饰文化的快速流失，实现中华民族优秀服饰文化的可持续发展，促进文化自觉和文化自信的提升，顺应了中华民族文化复兴和时代发展的潮流，功在当代利在千秋。

崔荣荣
2019年12月于江南大学

小序

preface

本书书名《绣罗衣裳》源自杜甫《丽人行》中的“绣罗衣裳照暮春，蹙金孔雀银麒麟”，大唐衣裳的富贵气象尽收眼底，这也是中国传统衣裳的气象。

古汉语中“衣裳”是独立的两个词，《毛传》云：“上曰衣，下曰裳。”故此本书研究的衣裳皆为上下分体式的服装，即上身穿着的袄、襦、衫、褂、马甲、褙子等，以及下身穿着的裙、裤等。

又因张爱玲《更衣记》中载：“在中国，自古以来女人的代名词是‘三绺梳头，两截穿衣。’”❶张宝权在《中国女子服饰的演变》一文中也说：“自古以来，中国女子的服装就没有脱出袄裤的范围。……当男子受人攻击的时候，他会拍拍胸膛，申辩‘他不是穿节头衣服的人’，这就是说他不是女人。”❷委实数千年来，中国汉族的男性皆以穿着长袍、长衫等连裁的一件式服装为主，而女性则上衣下裳居多，故而本书的研究对象也以女装为主。

我国汉族民间衣裳种类繁多，艺术价值极高，然而由于纺织品的特殊属性和民间衣随人葬的习俗，能够流传至今的古代衣裳已是极少数。因此本书在第一章所研究的古代汉族民间衣裳大多是基于传世的文字、绘画、泥塑、壁画、墓葬出土以及明清的部分传世实物。由于资料有限，尚未完善或研究的错漏之处还请专家、同仁们谅解。

---

❶ 张爱玲．流言[M]．广州：花城出版社，1997．20-21．

❷ 张宝权．中国女子服饰的演变[J]．新东方，1943（5）：55-90．

本书的重点在近代，这些大量精美的传世实物皆来自江南大学民间服饰传习馆，其馆藏的来自全国各个地域的数千件汉族民间衣裳为本书的研究提供了丰富的样本资源，也使本书能够在造型、结构、工艺、装饰艺术、发展演变等各个方面对汉族民间的衣裳进行深入研究。

本书撰写历时4年，书稿的完成实属不易，在此还要感谢已经毕业的硕士研究生张文翰、钭逸航、宋雪、王艳香、柴娟等同学在成书过程中分别从各自的研究领域给予的协助。

书中尚有很多错漏之处，还请各位专家、同仁批评指正！

牛犁

2019年12月

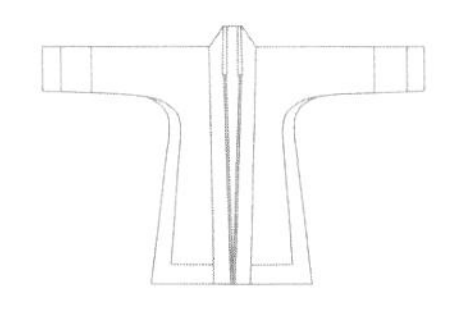

目录

contents

绣罗衣裳

第一章 古代汉族民间的衣裳

“黄帝以上，羽皮革木，以御寒暑。至乎黄帝，始制衣裳，垂示天下”，从黄帝时期以来，衣裳成为中国古代先民的重要服饰。汉族民间在不断的探索与改良中使其从最初的粗布褐衣变成了造型各异装饰精美的服装。

第一节　先秦时期汉族民间的衣裳

上衣下裳的造型最早出现于原始社会晚期，《世本》说：“伯余作衣裳，胡曹作冕，于则作扉履。”明代学者罗颀在《物原》中载：“轩辕臣胡曹作衣，伯余为裳，因染彩以表贵贱，舜始制衮及黻深衣，禹作襦袴。”[1]《淮南子》中载：“伯余之初作衣也，緂麻索缕，手经指挂，其成犹网罗。”伯余、胡曹皆黄帝臣，这些文字都说明黄帝时代已有上衣下裳的服装，并且上衣下裳的服饰等级亦初步建立。《路史》中进一步说明了这个问题，《路史·疏仡纪·黄帝》篇说黄帝“法乾坤以正衣裳”。而且由于乾坤指天地，天与地在自然中截然分开，天在未明时为玄色（黑色），大地为黄色，故衣与裳分开呈两截式，且上衣用玄色，下裳用黄色。这样衣服的款式和服色就基本确定了。

随着夏王朝的建立，汉族社会由氏族社会转变为国家，上衣下裳的制度愈加明确。商代后期，随着社会生产力的发展，奴隶制日趋完善，奴隶主王权不断加强，社会间的等级制度已经形成。这些等级区别在当时服装的质料和装饰上都有明显反映，集中表现为：奴隶主贵族丝帛绣衣，装饰讲究；而庶民粗布褐衣，装饰简陋；奴隶则更是衣不蔽体，毫无装饰可言。

至周时期，逐渐作为礼治文化重要组成部分的服饰文化，确定了冠服制度，上至天子卿士，下至平民百姓都要遵守严格的章服制度。衣用正色，即青、赤、黄、白、黑五种原色；裳用间色，即以正色相调配而成的混合色。

---

[1] [明]罗颀．物原[M]．北京：中华书局，1985：9．

图1-1　佩戴芾的商代男子　　　　图1-2　商代玉人

服装以小袖为多，衣长通常在膝盖部位，腰间则用条带系束。

如图1-1从商周墓葬出土的玉人穿着的便是当时典型衣裳，其下腹部位可看到一个上窄下宽形似斧头的条状饰物，即芾，又称蔽膝，《说文解字》中记载："芾，韠也。"就是穿在腰部以下小腿以上部位的一件类似现今围裙的遮挡物，远古人类用以遮蔽生殖器，后来成为帝王百官及命妇祭服中一个组成部分，以"抚今怀昔"的心情，对上古服饰遗制追忆，以示穿着者不忘古制[1]，实际上反映了最原始古老的服制。

1935年，殷墟出土一尊大理石圆雕跪坐人像右半身残件（图1-2），衣着为上身"大领衣，衣长盖臀，右衽，腰束宽带，下身外着裙，长似过膝。胫扎裹腿，足穿翘尖之鞋。以至领口、襟缘、下缘、袖口缘有似刺绣之花边，腰带上亦有刺绣之缘。裙似百褶，亦有绣纹"[2]，也是当时典型的衣裳形态。

此时的裙不是现代意义上筒状的裙子，而是一种上窄下宽的平面布片，用细绳围系在腰部，裙长及地，在《辞海》中的解释为："一种围在下身的服装。"由远古的遮羞蔽体的草裙演变而来，至公元前1000年左右，布、帛等制裙面料逐渐流行起来。

春秋战国时期周室衰微，礼崩乐坏，各诸侯国纷纷变法争雄，提倡耕织。富商大贾的城市手工业作坊与官营作坊并存，农村的男耕女织，已初步形成封建经济的模式，出现了市民阶层，上衣下裳的形态也更趋于日常化和生活化。如图1-3河北平山战国中山王墓出土的小玉人，它们上身穿着小袖短上

[1] 贾玺增．中国服饰艺术史[M]．天津：天津人民美术出版社，2009：21-22，101．

[2] 梁思永，高去寻．侯家庄（第五本）1004号大墓[M]．台北：台湾研究院历史语言研究所，1970．

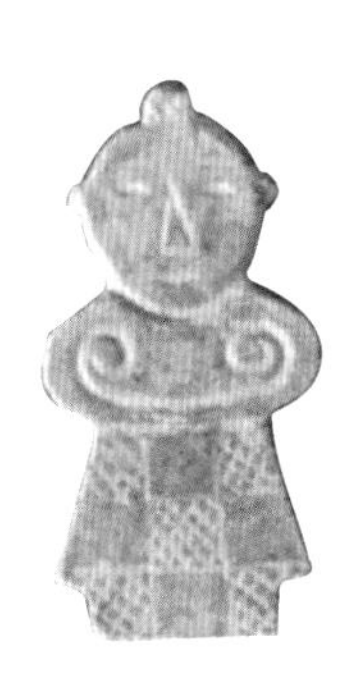  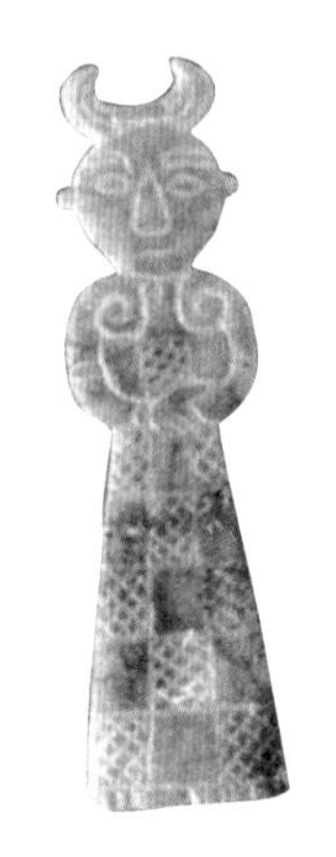 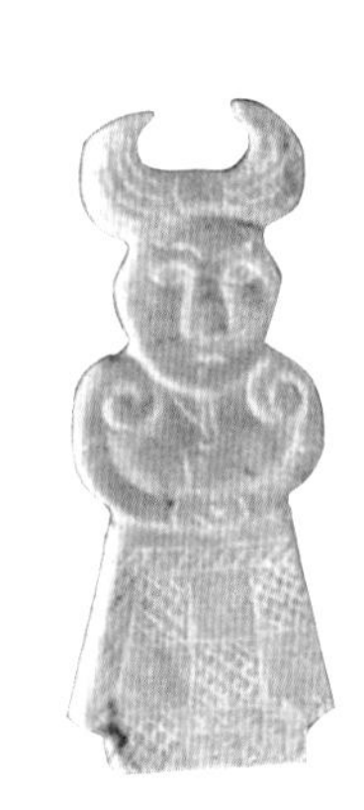

图1-3　河北平山战国中山王墓出土小玉人

衣，下裙印有格子花纹，裙腰位置位于中腰，没有蔽膝，与后世襦裙的造型非常接近。

裙内穿的裤为不加连裆的套裤，两只裤脚管套在胫上，也称胫衣。[1] 沈从文先生在《中国古代服饰研究》中写道："它和古时'行滕''邪幅'等同源，应是最早、最简的护胫服装之一。此后在长期的历史发展中，把上述那些部件逐步延长，融合成新的服装，胫衣向上加长发展为绔，再合裆形成裤。"在《中国古代服饰图典》中，赵连赏先生写道："多数的历史文献记载都认为袴是一种两条互不相连的袴筒，穿着时，两腿各穿一只。""虽然在原始社会晚期就有了与现代裤子形制很接近的裤式出现，但由于以后各代的文物发现中有关袴的内容多为表面形式，而无具体实物进行比证，故难以对汉代以前的袴做出确切的说明。"[2]

《礼记·曲礼》载："暑毋褰裳，褰则下体露。"又载："不涉不撅。"意在表明揭开长衣即可看见不雅的下体。由于人们的下体私密部位只有一件裙裳遮掩，而裙裳的左右两边各留缝隙，本是为了方便行动，但是在平时的行为举止中却必须倍加注意，稍不留意，就会有暴露下体的不雅行为。再者，《墨子·公孟篇》："是犹裸者谓撅者不恭也。"即将揭衣与裸体等同视为不恭的行为，所以，这样的裙子如果不加其他服饰遮掩就容易走光，因此，古人上着

[1] 张文翰．汉族裤装历史演变与创新应用[D]．无锡：江南大学，2014．

[2] 赵连赏．中国古代服饰图典[M]．昆明：云南人民出版社，2007：148-150．

图1-4 凤鸟花卉纹绣棕绢面绵袴

衣，下着裳，里着胫衣，三者并用才能将身体完全的遮覆住。[1]

早在春秋战国时期，北方民族已经开始穿着合裆之裤，比汉族的裤装完善的较早。为增强士兵的战斗力，巩固边境军事力量，以防外敌，赵武灵王决定推行“胡服骑射”，弃“裘裳”效“胡服”，在《史记·六国表》写道：“赵武灵王十九年，初胡服。”实行强国富兵政策，即废弃下裳改着长裤，易在马背上骑射，赵武灵王把游牧民族的优良传统推广到中原，从而谱写了中原学习北方民族的崭新篇章，这对革新古代服饰制度起到了重要的作用，汉族的裤制在赵武灵王“胡服骑射”的改革下有了极大的飞跃，“上衣下裤”服制打破了由周代开始建立的“上衣下裳”服制独占鳌头的局势，并沿袭至今，具有划时代的意义。合裆裤最初仅在军队中流行，秦汉以后逐渐被汉人所接受并流传于民间。

图1-4是在湖北江陵楚墓中出土的战国中晚期绵袴。此绵裤前有裆，后无裆，后腰敞开，是一条开裆袴，这条开裆绵袴是目前我国最早的裤子实物。

第二节 秦汉时期汉族民间的衣裳

公元前221年，秦统一六国后，吸收了其他各国的文化，创立了新的服饰制度，对后世产生了重要影响。汉在承袭秦制的基础上亦有所创新。整体而言，秦汉时期民间的衣裳，男子以襦、裤、布裙为主，女子以襦裙为主。

---

[1] 石历丽. 浅谈古代裤制发展[J]. 美术大观，2010（6）：219.

一、秦汉时期的襦裙

秦汉时期襦裙特点是：窄袖、右衽、交领，下裙以素绢四幅连接合并，上窄下宽，腰间施褶裥，裙腰系绢带，裙式较长。贵妇穿襦裙、着高头丝屐，丝屐绣花。庶民女子衣袖窄小，裙子至足踝以上，为了劳动方便，裙外还要有一条围裙。

襦，《说文》曰："短衣也。"《辞海》中解释为："短衣、短袄。"《中国衣冠大辞典》则给襦的长度规定了范围："长不过膝的短衣。"《汉书·叔孙通传》中也有对上襦长度的描述："（叔孙）通襦服，汉王憎之，乃变其服，服短衣，楚制。汉王喜。"以上古籍都是对古人穿着短小上衣的记载，与当时男子服饰中流行的袍有较大区别。正如《急状篇》颜注曰："长衣曰袍，下至足附，短衣曰襦，自膝以上。"襦按有无夹里可分为单襦和复襦。单襦和"衫"类似，一般指质地轻薄柔软的单衣，适合在春、夏两季穿着；而复襦则形似于"袄"，通常有夹层，中间夹棉。《释名》卷五曰："襦，暖也，言温暖也。"说明其适合在秋、冬两季使用，起到保暖的作用。另外，上襦本身的衣长也有不同，长度在腰和大腿上部之间的称为短襦，长度在大腿上部至膝之间的称为长襦，襦下必配裙。

东汉著名训诂学家刘熹在《释名·释衣服》曾对下裙有过形象的注解："裙，下群也，连接裾幅也。"秦汉时期延续着先秦的造型，由于中国古代的布料门幅相较于今天要窄很多，通常需要好几幅布料拼接起来才够做一条裙子，所以古代"裙"也称作"群"。按裙幅大小可分为窄裙和宽裙。裙子的颜色通常比上衣深，以红、绿两色居多。

《西京杂记》记载："赵飞燕为皇后，其娣遣织成上襦，织成下裳。"辛延年的汉乐府《羽林郎》就有记载："长裙连理带，广袖合欢襦 。"又如《陌上桑》："湘绮为下裙，紫绮为上襦。"此句对于服装色彩的细致描写，使得汉代采桑女——秦罗敷上穿紫色花襦衣，下着浅黄色丝裙的形象跃然纸上。就连《古诗为焦仲卿妻作》中也多处提及东汉的襦："妾有绣腰襦，葳蕤自生光。着我绣夹裙，事事四五通。"可见襦裙的搭配非常普遍。

汉代裙子款式也非常多，《飞燕外传》中记载飞燕着南越所贡云英紫裙后，后宫纷纷效仿其裙上有褶子的"留仙裙"。后汉繁钦《定情诗》载："何以答欢忻，纨素三条裙……"而图1-5出土于重庆化龙桥，身着交领襦裙的三座女

图1-5 女婢陶俑（重庆化龙桥东汉墓出土）

婢陶俑也证实了襦裙在汉代的真实存在。

1957年在甘肃武威磨咀子汉墓中发现了上襦由浅蓝色绢布面料制成，下裙以黄色绢布面料制成的襦裙实物。但是因为墓葬年代久远，襦裙出土时已经不幸粉化了。图1-6展示的襦裙款式图正是尊重此汉墓出土时见到的襦裙原样，结合当时汉成帝时期偏爱青绿的民间服装习俗及同时期长沙马王堆汉墓出土的不对称布料纹样，高度还原的绘本。西汉武帝时期正值我国丝绸工艺大胆创新变革的时代，面料种类丰富，颜色简约淡雅。该时期的襦裙款式，具有上襦止于腰间，裙长曳地的特征，并流行上窄下宽的四幅裙（图1-7）。《后汉书·马皇后纪》对汉代的裙缘做了如下描述："常衣大练，裙不加缘。"可见，裙边不加边缘是秦汉时期下裙的特色。

二、秦汉时期的裤装

最初汉人穿裤，只将裤腰提高到了腰节，相连后用带系在腰间，前后有裆但并不缝合，以多条细带系缚，称为"穷袴"。《汉书·外戚传上·孝昭上官皇后》载："皇后擅宠有子，帝时体不安，左右及医皆阿意，言宜禁内，虽宫人使令皆为穷袴，多其带。"即西汉大将军霍去病之弟霍光的外孙女孝昭上官皇后，为了不让皇帝接触其他女性，而命宫人皆穿穷袴。颜师古曰："绔，

图1-6 甘肃武威磨咀子汉墓中发现的襦裙实物还原绘本

图1-7 着裙装的汉代女子

古袴字也，穷绔即今绲裆袴也。”❶ 明代张萱《疑耀》有载：“古人袴皆无裆，裤之有裆，起自汉昭帝。”

汉代百姓为了区别开裆袴，合裆袴多被称为“裈”。《事物掌故丛谈》中写道：“古时袴长而裈短，袴无裆而裈有，后世即统称为袴。”西汉文学家司马相如曾言：“自着犊鼻袴，与保庸杂作，涤器于市中”，而下体所穿的就是“以三尺布作，形如犊鼻”的满裆犊鼻袴，形制类似于现今的短裤。

第三节　魏晋南北朝时期汉族民间的衣裳

中国服饰文化在魏晋南北朝时期，受南北大迁徙、胡汉大融合的影响，迈入了崭新的历史纪元。社会动荡、战乱频仍，民族的迁徙与融合空前繁盛，衣裳的面貌深受其影响，形成了胡汉兼容并蓄的特色。一方面沿袭了汉族服饰的习俗，一方面接受了少数民族服饰的优点，呈现了丰富多样的时代风貌。

❶ 杨荫深．事物掌故丛谈[M]．上海：上海书店，1986：185．

这一阶段汉族民间的上衣下裳在继承汉族遗留风俗的同时，也汲取了不少少数民族元素。汉族民间服装朝着多元化方向不断发展，衣裳得到重视，占据了当时服装的主导地位。

一、北方游牧民族影响下的“裤褶”和“裲裆”

魏晋南北朝时期有复杂的历史背景，社会局面动荡、各民族迅速融合、统治阶级的改革等因素都对衣裳的发展有一定的影响，尤其是“胡服”对汉族衣裳的发展影响巨大。沈括在《梦溪笔谈》中就有写道：“中国衣冠，自北齐以来，乃全用胡服。窄袖绯绿短衣，长靿靴，有蹀躞带，皆胡服也。”❶

这一时期最流行的“裤褶”和“裲裆”皆由北方游牧民族传入，成为汉族大众的日常服装类别，如图1-8、图1-9所示。

晋末、南北朝时期的士庶百姓受北方少数民族生活方式的影响，喜着长裤，所以此时是裤子的兴盛期。裤的款式比较宽松，因其两只裤管做得十分肥大，得一俗称“大口裤”。《搜神记・绛囊缚纷》记载：“太兴中……为裤者，直幅无口，无杀。”❷意思是当时做裤子的，直接用整幅宽的布做裤脚口，从裤腿到裤脚口尺寸不减小，这是下边壮大的象征。

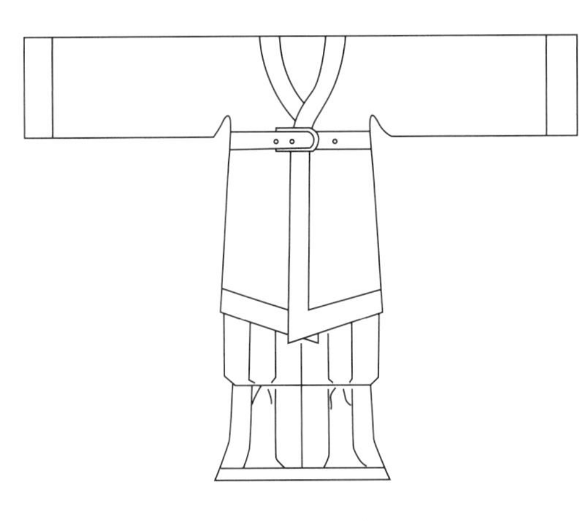

图1-8　裤褶示意图

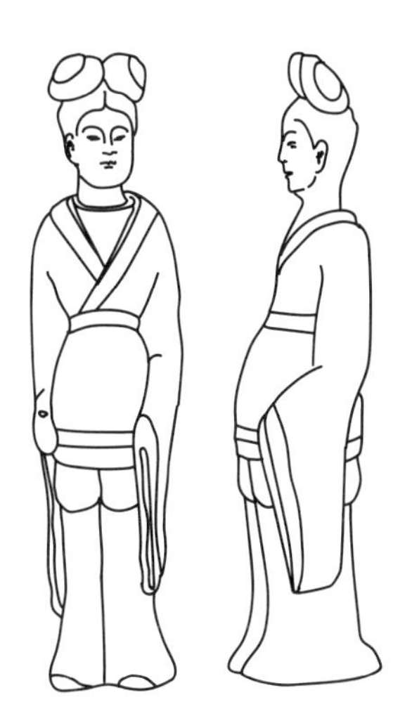

图1-9　北齐着裤褶的女陶俑（《中国古代服饰研究》）

❶ 戴仕熊．服饰文化沙龙[M]．北京：中国轻工业出版社，1997：180-187．

❷ [晋]干宝．搜神记[M]．汪绍楹，校注．北京：中华书局，1979：108．

和大口裤相配用的上衣，通常做得比较紧身，其形若袍，亦为交领，短身而广袖，名曰“褶”。褶和长裤穿在一起，在当时被称为“裤褶”，亦作“袴褶”，是晋末、南北朝时期最为流行的一种服式。

裤褶自古便有，只是至魏晋南北朝时期方才广泛流行，晋朝崔豹《古今注》云：“袴，盖古之裳也。周武王以布为之，名曰褶。敬王以缯为之，名曰袴，但不缝口而已，庶人衣服也。到汉章帝，以绫为之，加下缘，名曰口。常以端午日赐百官水纹绫袴，盖取清慢而理人。若百官母及妻妾等承恩者，则别赐罗纹胜袴，取其曰胜。今太常二人，服紫绢袴褶，绯衣，执永龠以舞之。又时黄帝讲武之臣近侍者，朱章袴褶。以下属于鞋。”另有“秦始皇巡狩至海滨，亦有海神来朝，皆戴抹额绯衫大口袴，以为军容礼，至今不易其制”。

可见，裤褶最初被当作戎服，专用于军旅。魏晋南北朝时期的史书中也有记载，如《晋书·杨济传》记：“济有才艺，尝从武帝校猎北芒下，与侍中王济俱着布袴褶，骑马执角弓在辇前。”[1]同书《舆服志》记：“弓弩队各五十人，黑袴褶”“袴褶之制，未详所起，近世凡车驾亲戎，中外戒严服之。服无定色，冠黑帽，缀紫褾，褾以绘之，长四寸，广一寸。”[2]《南齐书·舆服志》也有类似记载。[3]

成语“坏裳为袴”出自《南史》,《南史·刘穆之传》载，刘裕召刘穆之为主簿（军吏），穆之“坏布裳为袴”，往见刘裕。裳，此处指老百姓的服装；袴，指军装。后以“坏裳为袴”代指从军。可见当时裤在军中的广泛使用程度。

从时代审美角度来看，翩翩大袖加上宽松的大口裤，显示出魏晋以来的那种洒脱、大度之风。在汉魏以前，贵族不能直接外露短上衣，晋代改革了这种习惯，将裤褶定为“车架亲戎中外戎严之服”。[2]到南北朝时期，汉族上层男女也都穿裤褶，甚至连朝服都穿裤褶，使得裤褶成为一种全民性的衣裳，不分男女、不分阶层等级皆可穿着，深受人们喜爱。《晋书·隐逸传》记：“余杭令顾扬与葛洪共造之，而携与俱归。扬以文山行或须皮衣，赠以韦袴褶一

---

[1] [唐]房玄龄．晋书[M]．北京：中华书局，2000：775．

[2] 同[1]：498．

[3] [梁]萧子显．南齐书[M]．北京：中华书局，2000：227．

具，文不纳，辞归山中。”大概意思就是顾飏因为郭文在山中行走有时需要御寒，就赠给他一套皮袴褶。《晋书·郭璞传》谓郭璞行经越城，“遇一人呼其姓名，因以袴褶遗之。”[1]而日本中国服装史专家原田淑人教授指出：“中原多少受有北方各民族的影响，如袴褶等胡服的盛行。”如此，正说明裤褶的形制，在当时已很普遍。[2]

由于大口裤的裤管宽松而博大，不便于活动，有些人为了能够穿上这一时代流行的服装以显示自我而又不影响基本的生活，便将肥硕的裤管用锦带束起，以布带缠缚膝下，勿使松散，这样在趋走、跨骑时就显得比较便捷（图1-10）。如《太平御览》卷六九五辑《宋书》载：“元凶邵弑逆，袁淑止之，邵因起，赐淑等袴褶，又就主衣取锦裁三尺为一段，又中裂之，与淑及左右，使以缚袴褶。[3]”这种在膝下缚带的裤子，在当时被叫作“缚裤”或“缚袴”。《南史·沈庆之传》载：“上开门召庆之，庆之戎服履袜缚袴入。”[4]

“裲裆”[5]，即“两当”，两面挡胸护背，与现今的马甲或者背心类似。《释名·释衣服》称：“两裆，其一当胸，其一当背，因以名之也。”王先谦疏正补：“今俗谓之背心，当背当心，亦两当之义也。”[6]西汉时期，裲裆通常为妇女穿着，且多用作内衣，《玉台新咏·吴歌》云：“留衫绣裲裆，迮置罗裳里。微步动轻尘，罗衣随风起。”[7]“迮置罗裳里”即表明裲裆是做作内衣的。魏晋以后逐渐将它穿在了外边，成了一种便装，见图1-11。如《搜神记·西晋服妖》所称：“至元康末，妇人出，裲裆加乎交领之上，此内出外也。”[8]

和襦袄一样，裲裆也有单、夹之别，有的还可以纳入棉絮，《搜神记·钟繇》载魏大臣钟繇斩鬼故事，就涉及这方面情况：“颍川钟繇，字符常，尝数月不朝会，意性异常。或问其故。云：‘常有好妇来，美丽非凡。’问者曰：‘必是鬼物，可杀之。’妇人后往，不即前，止户外。繇问；‘何以？’曰：‘公有相杀意。’繇曰：‘无此。’勤勤呼之，乃入。繇意恨，有不忍之，然犹之。伤

---

[1] 高春明．中国服饰名物考[M]．上海：上海文化出版社，2001：618-631．
[2] 戴仕熊．服饰文化沙龙[M]．北京：中国轻工业出版社，1997：124-128．
[3] [宋]李昉，等．太平御览[M]．北京：中华书局，1960：2873．
[4] [唐]李延寿．南史[M]．北京：中华书局，2000：635．
[5] 本文所称之“裲裆”乃女子、士人所服之裲裆衫，与北朝战争所用裲裆铠不同。
[6] [汉]刘熙，[清]王先谦．释名[M]．北京：商务印书馆．1939：81．
[7] [南朝陈]徐陵．玉台新咏[M]．上海：上海书店，1988：274．
[8] [晋]干宝．搜神记[M]．汪绍楹，校注．北京：中华书局，1979：93．

图1-10　穿缚裤的男子
（河南洛阳北魏元邵墓陶俑）

图1-11　邓州南朝画像砖上着裆衫的女性形象

髀。妇人即出，以新绵拭血，竟路。明日，使人寻迹之，至一大冢，木中有好妇人，形体如生人，着白练衫，丹绣两裆，伤左髀，以裲裆中绵拭血。”❶故事内容虽然荒诞，但对衣裳的描绘比较合乎实际，尤其重要的是反映了当时女子穿着裲裆的情况。

魏晋南北朝时期男子开始穿着裲裆。江西南昌东吴古墓出土的男棺中就发现随葬的遣策，上面便记有“故练两当一枚”的文字。晋代无名氏所作的《上声歌》中有“两裆与郎著，反绣持储里”，王筠《行路难》中也有“裲裆双心共一袜，袙复两边作八襊”的句子，《宋书》中也有记载：宋元嘉二十七年（450年），柳元景率西路军北伐，其部将薛安都“单骑突阵，四向奋击”，十分勇敢，一时杀得怒起，“乃脱兜鍪，解所带铠，唯著绛衲两当衫，马亦去具装，驰入贼阵。”❷都是对魏晋南北朝男子着裲裆的再现。

❶［晋］干宝．搜神记[M]．汪绍楹，校注．北京：中华书局，1979：206.
❷［梁］沈约．宋书[M]．北京：中华书局，2000：1309.

二、魏晋南北朝时期的襦裙

沈从文先生《中国古代服装研究》中称："使上襦和下裙分开，单独产生存在，必在头上冠巾、身上衣服式样大有改变的魏晋之际。"魏晋南北朝时期，汉族女装承继汉朝遗俗，在传统服制的基础上吸收借鉴了少数民族特色，服饰整体风格分为褒衣博带的宽博式或上俭下丰的窄瘦式。贵族妇女服饰崇尚褒衣博带，宽袖翩翩，其华丽之状堪称空前。民间女子上身穿偏瘦的衫、襦，下身穿宽大的裙装，表现出了"上俭下丰"的着装风格。

南北朝魏晋时期出土的陶俑、名画中，小袖紧身襦裙不在少数。例如出土于南京石子冈、幕府山、小洪山的多个男女侍俑身着小袖、交领，总体特征依旧为上小下大，裙裳合一，裙外露部分已上及腰部，束腰较紧，见图1-12、图1-13。

干宝的《晋纪总论》中对魏晋时期襦裙的轮廓特点作了精辟的概述："泰始初，衣服上俭下丰，着衣者皆厌腰（即束腰）。"该时期襦裙款式大多呈现上俭下丰的轮廓，衣身部分紧身合体，上襦多用对襟，即左右衣襟在颈部平行垂直而下。领口和袖口都习惯加以彩绣作装饰。腰节处围上小抱腰，用系带固定裙腰。莲花、忍冬这类纹饰随着佛教在中国本土的传播，开始大量出

图1-12　东晋女侍俑

图1-13　北朝陶俑

现在服装上。女子裙装不仅讲究材质、色泽、花纹的鲜艳华丽，素白无花的裙子也受到欢迎。从这一时期文学作品中我们也可以看到有关这类裙装的描述，如《艳歌行》中的“白素为下裙，月霞为上襦”等。下裙的裙式也较前朝丰富不少，最常见的依然是褶裥裙，裙长没足，下摆宽松，从而达到俊俏潇洒的美学效果。

东晋画家顾恺之的名作《女史箴图》（图1-14）中可以清晰地看到梳妆女婢穿着上俭下丰的襦裙。

图1-15为山西太原娄睿墓出土的女俑，从其头戴北朝特有漆纱笼冠可见这是 位女官。该女官身着交领大袖襦，长裙外着。

广袖襦裙多为贵族妇女穿着，形式为对襟，领、袖俱镶织锦缘边，与广袖襦衫相配，最流行的是间色裙，腰间用帛带系扎。间色方法的广泛使用，使长裙更能彰显女子的修长美，而且男女皆可穿着。依裙片的多寡，已见的有四种样式，即两色四片裙、两色六片裙、两色八片裙以及两色十二片裙（图1-16）。

图1-14　东晋画家顾恺之画作《女史箴图》

图1-15　山西太原娄睿墓出土的南北朝女官俑（《中国服饰通史》）

图1-16　穿间色裙的女子

第四节　隋唐五代时期汉族民间的衣裳

隋唐是我国封建社会的鼎盛时期，它的社会特点，可以用“统一、上升、自信、开放”八个字来说明。唐代和国外的交往也非常发达，形成了中外经济和文化交流的重要历史时期。这些时代特点无不反映在当时的服装之中。隋文帝统一南北朝，建立了多民族的中央集权制国家——隋朝，为唐的兴盛奠定了基础。

由隋入唐也是中国古代服装发展的全盛时期，衣裳形制、款式、色彩、图案等的发展都达到了前所未有的崭新局面。它并蓄古今、博采中外，创造了繁荣富丽、博大、自由的大唐衣裳文化。这种灿烂辉煌的文化对后世有着较强的影响力和传承力。

这一时期的男装基本以袍服为主，但魏晋南北朝时期的“袴褶”在这一时期仍然流行，成为朝堂上的朝服之制，平民百姓不能随便穿用。至隋炀帝巡游时，诏百官从行皆服袴褶，“士庶服之，百官服之，天子亦服之”[1]。开元以来统治者多次令百官朝见穿着袴褶，如不服者，令御史弹劾定罪。《唐会要》：“冬至大礼，朝参并六品清官，服朱衣，以下通服袴褶”。可见，当时袴褶已成为官吏之服。

而女装的衣裳则成为隋唐五代最为精彩的篇章，其冠服之丰美华丽，妆饰之奇异纷繁都令人向往。在服装制度上，周、汉、魏时期未能完备的服制到了隋唐更加完备，又将服装样式传于宋、明时代。这一时期的衣裳形制也影响到了日本、朝鲜及东南亚诸国。

隋至盛唐时期，女子以高瘦为美，其衣裳也以纤细为时尚，到了中晚唐款式朝着肥大奢靡的趋势发展，到了五代晚期又回到以纤细为美的审美风格。隋唐五代女性的基本衣裳，是以短襦、长裙为主要搭配，再辅以半臂、披帛及大袖衫等，受到胡汉不同民族传统文化的影响，形成了不同的式样（图1-17）。

图1-17 《内人双路图》中穿窄袖衫襦、长裙的女性形象

[1] 王国维．观堂集林·胡服考[M]．北京：中华书局，1959：531-544．

一、隋唐五代时期的襦裙

这300多年间，襦裙在原有的基本形制基础上衍生了各种新型款式和搭配方式。其发展大致可分为两个阶段：以隋代至盛唐为前期，小袖上襦是主流；而后期则崇尚怪异，衣博裙阔是盛唐以后的特点。

隋代襦裙以小袖为主，除了宫廷舞伎、歌伎还照例穿着大袖襦裙，一般妇女家常用衣大多为小袖。值得一提的是，隋代曾流行一种将小袖和大袖两种截然不同的袖式结合起来的穿法：如图1-18的敦煌壁画中描绘了一群内穿宽衣大袖，外披小袖翻领长衣的贵族妇女，“隋代上层妇女衣着形式，受齐、梁风气影响，一般多着无袖端的大袖上衣。但一般便于身份地位较低的人物实用的小袖上襦，流行趋势日益普及。因此有的贵族妇女，另加小袖式披风，竟成一时风气，这种披风式小袖衣，多翻领。”[1] 如图1-19敦煌壁画上的隋朝乐伎同图1-18的敦煌壁画类似，裙腰也提至胸部，符合“齐胸襦裙”的形制，且臂膀间有飘逸的披帛环绕，可见隋代的宫廷衣裳中已经出现了齐胸襦裙外搭披帛的穿搭方式。

图1-18　敦煌壁画，隋朝贵族妇女及女婢

图1-19　敦煌壁画，隋朝乐伎

[1] 沈从文，王㐨．中国服饰史[M]．西安：陕西师范大学出版社，2004：84．

唐代，堪称中国古代传统襦裙艺术的巅峰。初唐时期的襦裙装还接近隋制，《文献通考》描述襦裙为："尚危侧，笑宽缓。[1]"流行紧身窄袖子的上襦，多搭配披帛，且半臂开始盛行，上襦的领型以右衽交领居多，领口不大，高度适中。裙腰有所提高，大多位于腰节线以上，腋下以下，下摆呈圆弧形。如图1-20陕西乾县永泰公主墓出土的初唐妇女壁画中就清晰可见高腰襦裙外搭半臂或披帛的穿法。这种新衣在唐初具有普遍性，开元时期到天宝时期仍然穿用，自元和中兴过后这种风尚变化较大，而后开始逐渐减少。

盛唐以后，社会对于女性的审美要求从前代的"以瘦为美"转变为截然不同的"以肥为美"，由此女性服装风格也发生了巨大变革，崇尚夸张、奢华、大胆、开放的宽博之风，流行大髻宽衣，衣领较前代有变大、变深的趋势。其中最具时代特色的还要数袒领上襦的出现，初期多为宫廷嫔妃、歌舞伎者所穿着，后来一经出现，便受到了仕宦贵妇的垂青（图1-21）。该领型

图1-20　陕西乾县永泰公主墓出土的初唐妇女壁画

图1-21　穿袒领短袖短襦、长裙的妇女
（陕西西安王家村唐墓出土三彩陶俑）

[1] [元]马端临. 文献通考[M]. 济南：山东画报出版社，2004.

领口开得很低，顺着女性胸部曲线而制，可见到女性胸前乳沟，裙腰束得很高，半露酥胸。营造出半遮半掩的形式美感，完全符合当时“犹抱琵琶半遮面”若隐若现的审美需求。而作为同样处于中国古代诗词巅峰的唐诗，当然少不了对于这类创新女装的描述和赞誉。不论是“粉胸半掩凝晴雪”或是后世“慢束裙腰半露胸”的描述都生动地向我们展现了盛唐时期襦裙装的开放程度和审美情趣。与此同时，唐代的画家大师们也毫不吝啬地挥动手中的画笔和颜料，绘制出一幅幅流芳百世的经典画作。其中盛唐时期的襦裙装随处可见，如图1-22，唐代画家张萱的《捣练图》就大量描绘了妇人们纷纷穿着衣袖肥大、裙长曳地的齐胸襦裙，外搭质地柔软、轻薄的披帛时的不同形态。画中襦裙色泽优雅清新，色彩各异，有豆绿、橘红、淡粉等，一般下裙颜色比上襦要深。根据图中妇女进行的活动，不难判断她们的身份地位应该包含了贵族妇女和普通婢女，由此可见这种宽博、奢华的襦裙新式穿搭形制在盛唐时期具有普遍性。

到了中唐时期，汉民族的华夷意识不断增强，常用衣裳中也随之加入了新的审美特色。襦裙向着更加宽大博长的方向演变。袖子宽度超过四尺，领口的大小较盛唐时期有所缩小，U形领的运用也逐渐减少。这一时期的裙幅也不再局限于此前的五幅裙，中唐诗人李群玉描述的“裙拖六幅湘江水”的六幅裙广为流传，孙光宪也有“六幅罗裙窣地，微行曳碧波”的诗句。裙幅最大甚至宽达十二幅。裙幅可以无限增多，但是人体的腰围是固定不变的，因此只有通过增加褶裥才能达到收拢裙腰的效果。由于裙幅的增加。褶裥会随裙幅的变大而增多，之后出现的百褶裙其实就是由此发展而来的。

图1-22　唐代画家张萱的《捣练图》

裙不仅幅宽变大了，裙长也随之增长了不少，通常要曳地四至五寸左右。初唐诗人孟浩然在《春情》中就以一个“扫”字形象地勾勒出女子裙长曳地的姿态：“行即裙裾扫落梅。”卢照邻的诗中也有“长裙随风管”的名句。中唐以后裙幅的宽大程度已经达到了朝廷不得不严令规定妇女裙制的地步。

唐代女性热烈奔放，裙子也喜欢鲜艳的红色，白居易：“钿头银篦击节碎，血色罗裙翻酒污。”万楚：“眉黛夺将萱草色，红裙妒杀石榴花。”韦庄：“莫恨红裙破，休嫌白屋低。”等都是对红裙的描写。我们常说“拜倒在石榴裙下”，自由此而来。

到了五代后期，襦裙审美重回紧窄修长、婉约内敛的风格，如图1-23，顾闳中的《韩熙载夜宴图》则充分反映了这个时期人物服饰的真实性。图中妇女身着窄袖短襦及曳地长裙，裙上花纹细碎，近于薄质小花锦，这是由于该时期南方生产花纹丝绸的缘故。腰间一般都用腰带紧束；披帛长度有明显增加，但较唐代狭窄。

二、隋唐五代时期的半臂

到隋唐两朝，半臂开始逐渐发展成为妇女装中常见的服装配件，沈从文在《中国古代服饰研究》中写道：“半臂又称半袖，是从魏晋以来上襦发展而

图1-23　南唐顾闳中《韩熙载夜宴图》局部

出的一种无领（或翻领）、对襟（或套头）短外衣，它的特征是袖长及肘，身长及腰。半臂和上襦不同处，即袖长一般只齐肘，对襟翻领（或无领），用小带子当胸结住，或作敞胸套头式。”《事物纪原·衣裘带服部》记载：“隋大业中，内官多服半臂，除却长袖也。唐高祖减其袖，谓之半臂……隋始制之也。”[1]这表明隋代人们已穿着半臂，唐初不过是继承隋制，如图1-24~图1-26。《新唐书》中记载：“半袖裙襦者，东宫女子常供奉之服也。”图1-20所示唐代永泰公主墓出土的壁画中宫女一律穿着半臂，这些史料均验证了半臂从宫廷流传至民间的说法。

但在中唐以后半臂逐渐减少，天宝年间，妇女衣服形制发生了较大变化，该时期的画作、文献中都极少出现半臂的身影，如《宫乐图》及较晚的《宫中图》半臂即不再出现。其原因可能有两点：一是从衣服搭配来讲，初唐女子多服窄袖紧身襦衣，适合在外套半臂，中期以后襦衣越来越宽大，不适合在外面套一层半臂；二是唐前期女子保留胡风传统，多参加各项活动，穿着半臂方便运动，中唐以后生活富足奢侈，半臂已没有实用价值，只有下层劳动妇女还保留这一穿法，故中唐以后半臂较少见。

图1-24　日本正仓院藏唐代半臂

图1-25　新疆吐鲁番阿斯塔纳张礼臣墓出土唐代仕女绢画

图 1-26　玫茵堂藏唐代人俑

[1] [宋]高承．事物纪原·衣裘带服部[M]．上海：上海古籍出版社，1992：80．

图1-27　成都抚琴台前蜀王建墓石棺座浮雕舞乐人

五代十国时期的襦裙装基本继承了晚唐时期襦裙的特点，半臂重新开始流行。如图1-27的五代十国前蜀石棺座浮雕展现的正是当时最流行的大袖上襦外穿半臂的女装造型。

三、隋唐五代时期的披帛

披帛，又称“画帛”，是一种以印画有各种装饰图纹的轻薄纱罗制成的装饰性极强的饰物长巾，可分两种：一种横幅较宽，长度较短的矩形纱质面料，使用时或披在后背肩上，或将胸前两角系结固定，多为已婚妇女所用；另一种长度可达两米以上，但横幅较窄，其披法多样，可以披绕在肩背上，让两端缠绕在双臂，多为未婚女子所用（图1-28）。

《事林广记》引实录曰：“三代无帔。秦时有披帛，以缣帛为之，汉即以罗……开元中令王妃以下通服之。”❶ 可见早在秦代披帛就已经出现了，并于盛唐开元起成为贵族通服。沈从文认为：“这种披帛最早见于北朝石刻巩县石窟寺造像的伎乐天身上，盛行于唐代，而下于五代，宋初犹有发现。”也有服装史学家认为披帛这种服装造型应该是伴随着佛教往东传播时，中原与西域服装艺术的融合而产生的。因从世界民族服装的穿着形制来看，披帛形制与古希腊、古罗马服装中直接披挂在人体上进行裹缠的宽松型服装艺术风格一脉相承。

隋唐五代的绘画或陶俑中，都可见妇女的肩背上披着一条长长的披帛。

❶ [宋]陈元靓．事林广记[M]．北京：中华书局，1963．

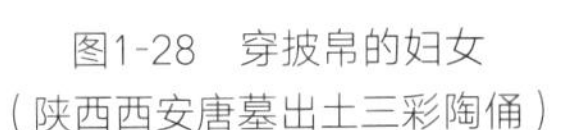

图1-28　穿披帛的妇女
（陕西西安唐墓出土三彩陶俑）

图1-29　西安出土的隋代彩绘女俑

图1-30　天津博物馆馆藏彩釉女俑

披帛两端垂在臂旁，有时一头垂得长些，一头垂得短些；有时把披帛两头用手捧在胸前，下面垂至膝下；有时把右边的一头固定束在裙子系带上，左边的一头由前胸绕过肩背，搭于左臂并下垂；有时把披在两肩旁的垂端垂在胸前，好像穿着一件马甲。形式很多，都很合乎审美的要求。

隋代及初唐时期披帛既有御寒功能也有装饰功能（图1-29），质地较厚且短，盛唐后披帛渐为细长，装饰性大于实用性（图1-30），又如唐永泰公主墓壁画中女子披帛较短且宽，多紧紧搭在双肩，而晚唐时期的《簪花仕女图》中披帛则更为细长，看来更为轻薄，材料多用薄质纱罗，上面或印花，或加泥金银绘画，[1]松懒地披挂在手臂上，已然没有保暖作用，只是为了美的追求。

四、隋唐五代时期的衫

衫较襦更长，多指丝帛单衣，质地轻软，可以在春秋天穿在外面，其长度至胯或更长，与可夹可絮的襦、袄等上衣有所区别，也是女子常服之一。元稹诗句“藕丝衫子藕丝裙”，张佑诗句“鸳鸯绣带抛何处，孔雀罗衫

[1] 沈从文．中国古代服饰研究[M]．上海：上海世纪出版集团，2005：300．

付阿谁”，欧阳炯诗句“红袖女郎相引去”。从这些诗句看，唐代女子普遍着衫，而且喜欢红、浅红或淡赭、浅绿等色，以金银彩绣为饰，从“罗衫叶叶绣重重，金凤银鹅各一丛”的诗句中，可以想象其外观更是美不可言，见图1-31～图1-33。

唐朝女性服装敢于大胆地暴露女性身体之美，因而当时艺术形象中出现的袒领女装形象为数实在不少，女子上身仅着抹胸，外披纱罗衫，上身肌肤隐隐显露，见图1-34。

图1-31　敦煌莫高窟第159窟西壁中唐佛龛下供养人像壁画（《中国服饰通史》）

图1-32　宽袖对襟衫、长裙、披帛

图1-33　大袖对襟纱罗衫、长裙、披帛

图1-34　穿大袖纱罗衫、长裙、披帛的妇女

五、隋唐五代时期的裤装

胡风的传入，对当时的服装形制带来了很大的影响。不论官民都以穿“窄袖长裤”为时尚，因此，在一定程度上促进了汉族裤装的发展。甘肃出土的隋唐三彩胡人俑（图1-35）和胡人牵驼俑身皆穿高领窄袖缺胯右衽长袍，下穿小口裤，足穿黑履。唐朝妇女们深受西域风尚的影响，人们普遍以穿胡服、化胡妆为美，不论男女都喜欢袍内穿着长裤，一般裤子都是以具有波斯风格的条纹锦或兽纹锦为主。因“襟袖窄下”的衣饰特色，在形制上，与魏晋南北朝的宽腿裤明显不同，裤腿口收紧而窄小，特别是女裤，裤脚部分往往做的比较紧窄。在1958年2月发掘的长安县南里王村唐韦洞墓中石椁线刻女像（图1-36）中，女子穿着的就是这种紧窄的裤装。

图1-35　三彩胡人俑

图1-36　石椁线刻女像

第五节 宋元时期汉族民间的衣裳

唐代文化是一种开放的类型，但宋代文化则是一种相对收敛的类型，著名史学家陈寅恪称："华夏民族之文化，历数千载之演进，造极于赵宋之世。"宋代完成了儒学复兴，传统经学进入了"宋学"的新阶段，产生了新儒学，即理学。理学的建立促进了儒、道、佛三家相互交汇的深入发展，完成了古文运动。在唐宋散文八大家中，宋人占了六家，词达到全盛。

在宋代词作中描述当时衣裳风貌的句子数不胜数，如欧阳炯的《贺明朝》："忆昔花间初识面，红袖半遮，妆脸轻转。石榴裙带，故将纤纤玉指偷捻，双凤金线。"晏几道的《浣溪沙》："已拆秋千不奈闲，却随胡蝶到花间。旋寻双叶插云鬟。几折湘裙烟缕细，一钩罗袜素蟾弯……"晏几道的《鹧鸪天》："云随碧玉歌声转，雪绕红裙舞袖回。"晏几道的《临江仙》："记得小苹初见，两重心字罗衣。琵琶弦上说相思。当时明月在，曾照彩云归。"曹组的《醉花阴》："九陌寒轻春尚早，灯火都门道。月下步莲人，薄薄香罗，峭窄春衫小。梅妆浅浅风蛾袅，随路听嬉笑。无限面皮儿，虽则不同，各是一般好。"从这些诗词当中所描述的衣裳风貌可以看出唐宋文化有很大的差异，宋代在政治上虽然开放民主，但由于"程朱理学"的思想禁锢，宋代衣裳的风格比较保守内敛，服制等级明确，衣裳文化不再艳丽奢华，而是简洁质朴。

由于宋代强调"存天理，灭人欲"的观念，使人的个体对立性全部抑制了，对妇女的约束也推到了极点，所以宋代女装拘谨、保守，色彩淡雅恬静，襦衣、褙子的"遮掩"功能加强，其中以褙子最具特色，对襟，两侧开衩，多罩在其他衣服外面穿着。虽男女都穿，但在女服中尤为盛行。宋代贵妇礼服——大袖衫、长裙、披帛的搭配（图1-37），乃晚唐五代遗留下来的服式，在北宋年间依然流行，多为贵族妇女所穿，普通妇女不能穿着。穿着这种服装，必须配以华丽精致的首饰，其中包括发饰、面饰、耳饰、颈饰和胸饰等，宋朝时期由于礼服较少穿用，女性多穿窄袖衫外套长褙子兼作礼服。

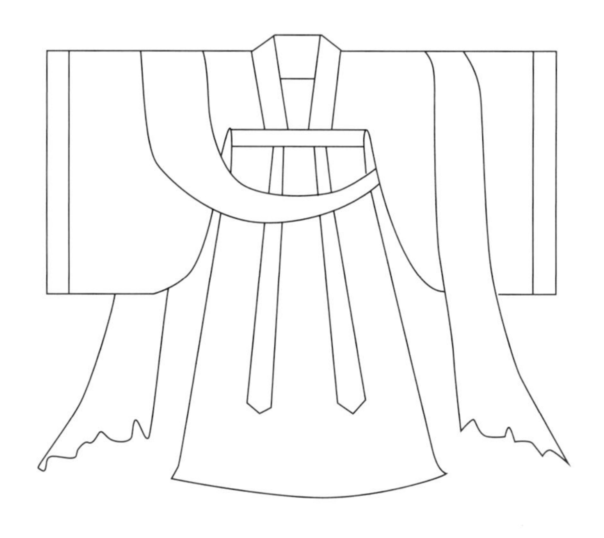

图1-37　宋代女性礼服

元代汉族妇女仍保持宋代的服制，上衣有比较瘦削的褙子、衫襦等，下穿多褶裙。后来受蒙古族妇女衣裳的影响，穿一种黑褐色粗布或绢做的左衽、窄袖、腰束大带的长袍的人渐渐多起来。另外，这一时期在汉族中还流行各种单、夹棉的半臂。

一、宋元时期的襦裙

襦和裙的搭配在宋代仍然流行，此时的上襦多为大襟半臂，下配的裙时兴“千褶”“百叠”，腰间系以绸带，在裙子中间的飘带上常挂有一个玉制的圆环饰物——“玉环绶”，用来压住裙幅，使裙子在人体运动时不至于随风飘舞而失优雅庄重之仪，如图1-38、图1-39。

如图1-40《女孝经图》描绘的正是宋代妃嫔身着交领小袖上襦，外搭窄披帛，下穿高腰碎花长裙，用细带系扎。

披帛在宋代女子衣裳中已逐渐减少，沈从文先生在讲解山西晋祠彩塑时特别提到：“事实上宋代这个时期，宫廷或普通社会多已不再使用披帛。主要原因是，其被当作宫廷女官神像供奉，照习惯，多依据较早些制度而作。”《女孝经图》中的女性形象亦是如此，而事实上襦裙也从宋代之后开始逐渐走向衰落。

图1-38　宋代穿襦裙的女性形象

图1-39　穿襦裙、披帛、佩玉环绶的女俑

图1-40　《女孝经图》

元代襦裙已然不是妇女最常用衣裳，但却依旧存在着。元代襦裙基本上沿袭宋代遗制，但作为统治阶层的蒙古族自身长期逐水草而迁徙的生活方式，使服装具有十分明显的民族特色。

二、宋元时期的褙子

褙子是宋代最具时代特色和代表性的女子衣裳，贵贱均可服之，男子也可服用，构成了更为普遍的时代风格。褙子样式以直领对襟为主，对襟处不加系扣，其上绘绣花边，时称“领抹”，袖有宽窄两种，衣身长度不一，衣长有膝上、齐膝、过膝、齐裙至足踝几种衣身长度，袖口与衣服各片的边都有缘边，衣的下摆十分窄细；另外，在左右腋下开以高衩，似有受辽服影响的因素，也有不开侧衩的。衣襟是敞开的，行走时随身飘动任其露出内衣，十分动人（图1-41、图1-42）。

如图1-43为江西德安南宋周氏墓中出土的褙子，据出土资料载，该墓中出土窄袖夹褙子12件，按质料计罗质的10件，绫质的2件；按纹饰计素色的7件，提织花纹的5件。内层均为素色的绢或纱。提织纹样有大叶牡丹、芙蓉及朵梅、菱形朵梅、卍字与折枝菊花组合的几何纹等。衣长95～122厘米，袖通长154～170厘米，腰宽47～55厘米，袖宽23～24厘米。图1-44为该墓中出土的单褙子示意图，该墓中有窄袖单褙子20件，按质料计纱质的8件，罗质的11件，绉纱质的1件；按纹饰计素色的11件，提织纹饰的9件。提织纹饰有梅花、牡丹、山茶组合；杂宝、山茶、双菱形、牡丹、卷云与梅花组合等。衣长97～115 厘米，袖通长154～170 厘米，腰宽50～54 厘米，袖宽22～24 厘米。[1]

图1-41 《瑶台步月图》穿褙子的宋代女性形象

图1-42 《蕉阴击球图》穿褙子的宋代女性形象

❶ 李科友，周迪人，于少先．江西德安南宋周氏墓清理简报[J]．文物，1990（9）：1-13+97-101．

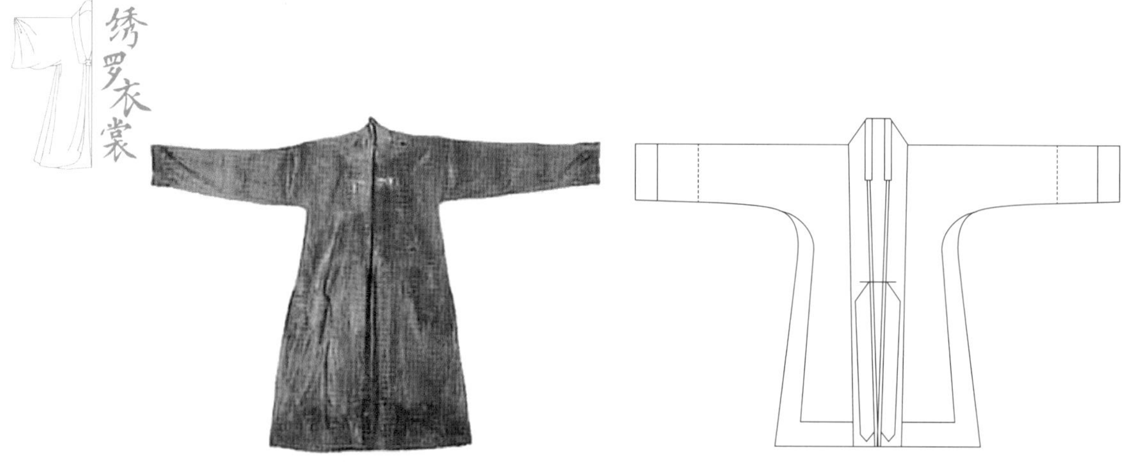

图1-43 江西德安南宋周氏墓出土的印金折枝纹罗褙子　　图1-44 江西德安南宋周氏墓出土的单褙子

另，该墓中还出土了两件大袖褙子，皆为罗质，对襟及贴边为金褐色绢，两袖下垂呈袋状。衣长120～122厘米，袖通长160～170厘米，腰宽61厘米，袖宽33～35厘米（图1-45）。

图1-46为福建福州南宋黄升墓出土的绉纱褙子。

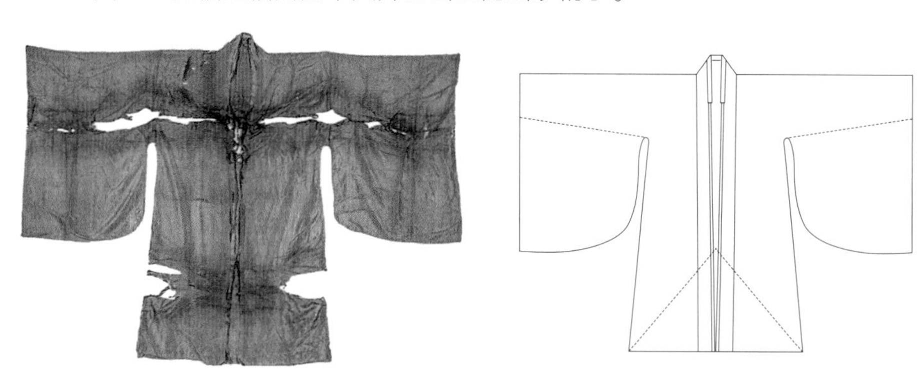

图1-45 江西德安南宋周氏墓出土的大袖褙子

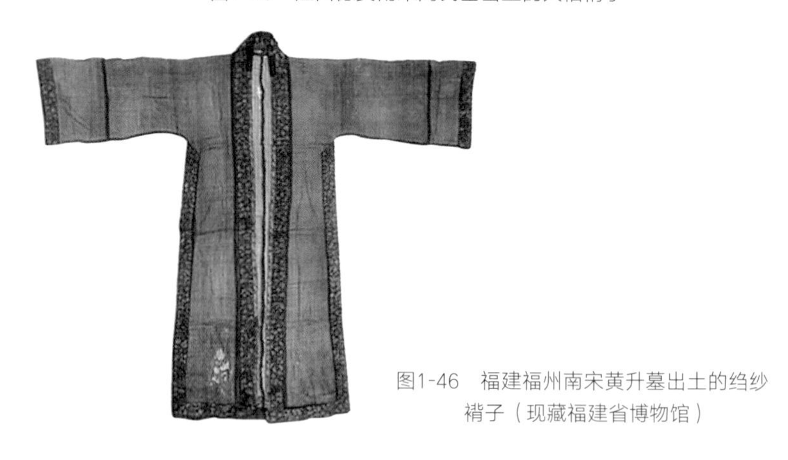

图1-46 福建福州南宋黄升墓出土的绉纱褙子（现藏福建省博物馆）

三、宋元时期的半臂

随着上襦衣袖的重新缩小，作为外套罩于上襦外的半臂又再次成为宋元时期普通妇女的常用衣裳。南宋曾三异《同话录》载：“近岁衣制，有一种如旋袄，长不过腰，两袖掩肘，以最厚之帛为之，仍用夹裹，或其中用绵者，以紫皂缘之，名曰貉袖。”说的就是半臂，如图1-47、图1-48所示。

图1-47　宋代半臂1

图1-48　宋代半臂2

根据考古发现可见，受宋代褙子流行的影响，还出现了一种长半臂，如图1-49为大报恩寺出土的宋代泥金花卉飞鸟罗表绢衬对襟女衣，衣长110厘米，通袖长109厘米，袖宽44厘米，开衩长55厘米，其身长和开衩长与褙子类似，袖型却类似半臂。

到了元代，人们更加看重半臂实用性，无论普通百姓，还是蒙古贵族，都越来越喜欢直领齐腰式的半臂。如图1-50为陕西西安曲江元墓出土的加彩女俑，外套形制为直领齐腰半臂短袄。陕西横山县罗圪台村元墓壁画《墓主

图1-49　宋代泥金花卉飞鸟罗表绢衬对襟女衣（南京大报恩寺出土，中国丝绸博物馆整理）

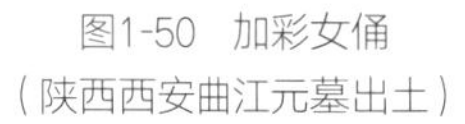

图1-50　加彩女俑
（陕西西安曲江元墓出土）

图1-51　元墓壁画《墓主夫妇并坐图》（陕西横山县出土）

夫妇并坐图》（图1-51），图中墓主夫妇六人坐于长榻上，男主人坐于中间，头戴深红色帽，内着红色窄袖长袍，外穿白色宽袖长袍。五位夫人发饰相同，均头梳双丫髻，内穿左衽袍，外罩各色直领齐腰半臂短袄。除此之外，在西安曲江池西村，考古工作者发掘的文物中，当时的女俑也身着窄袖衣，外套形式为隋唐时期的直领齐腰半臂衫。远在边疆地区的内蒙古赤峰市，发现的元代墓壁画中依然有数目不少的女子内服左衽窄袖衣，丰富的历史记载以及实物实证，均表明到了元代，盛行于隋唐时期的半臂依然流行。如图1-52为元代印金罗半臂，其主体是小方格纹，但在两肩上有两个三角形的装饰区，背后有一方形装饰区，两个装饰区内均印有凤穿牡丹纹样，与河北隆化鸽子洞出土的元代蓝地菱格卍字龙纹双色锦对襟半臂属于同款（图1-53）。

图1-52　元代印金罗半臂
（中国丝绸博物馆藏）

图1-53　元代蓝地菱格卍字龙纹双色锦对襟半臂
（北京服装学院民族服饰博物馆藏）

四、宋元时期的裙子

宋代裙子一改唐代雍容华贵的奢靡之风，以恬静、素雅为主基调。与唐代不同的是，裙腰位置有所下降，一般在腰节偏上。纤细修长是宋代女裙的特征，前代流行的褶裥裙在宋代正式发展为“百褶裙”，裙幅以多为尚，通常在六幅以上，有六幅、八幅、十二幅，中施细裥，“多如眉皱”。裙的质地喜用纱、罗、绢、绫等轻薄面料，裙面纹样喜好小碎花，体现清新素雅的审美情趣。如江西德安南宋周氏墓中出土了裙15件。“分为单裙和夹裙两种，式样有单片裙、两片裙和褶裥裙三种，保存大都完好”[1]（图1-54）。一般都是下摆略宽于裙腰，腰的两端有系带。有的镶花边，有的镶素边，也有无贴边的。单裙4件，其中罗质1件，纱质3件。均为提织纹饰，有山茶、菊花和卷叶相思花鸟纹等（图1-55）。裙长88～91厘米，腰宽125～147厘米，腰高14～16厘米。夹裙11件，其中罗质5件，绢质4件，绫质2件。有素色的，也有提花和印花的。提织花纹有山茶、朵云、桂花；印花有印金小瓣菊花和团花。内层多为绢和纱质。其中1件为褶裥裙，腰部有褶，从裙腰往下44～48厘米处开衩。

宋代裙子的裙腰通常用丝绸带子系扎，并挂玉佩、珠子等装饰区分身份贵贱。“珠裙褶褶轻垂地”正是对于裙上装饰物的描写。除了常见的百褶裙之外，宋代理宗朝时期还出现过前后相互掩盖，并用绸带系扎固定的“赶上裙”。如图1-56为江西德安南宋周氏墓中出土的“两片裙”，即为“赶上裙”，

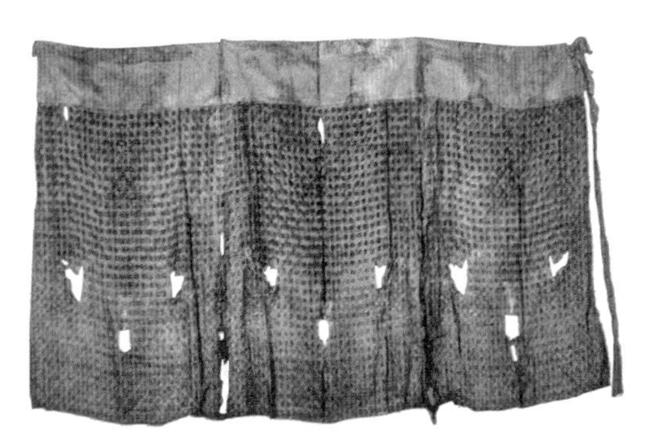

图1-54　星地折枝花纹绫夹裙

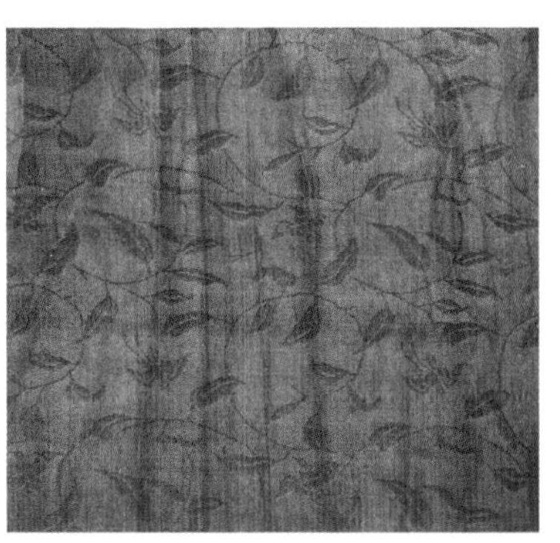

图1-55　卷叶相思花鸟纹

[1] 李科友，周迪人，于少先. 江西德安南宋周氏墓清理简报[J]. 文物，1990（9）：1-13+97-101.

通常裙片两片相压，右片压左片，形制与后世的马面裙类似。裙长83～93 厘米，腰宽100～133 厘米，腰高12～15 厘米，下摆宽116～146 厘米。[1]

虽然宋代的衣裳整体趋于朴素清丽，普通妇女的裙装更是简约淡雅，但一些上层贵族的妇女从来不乏美丽衣裙的装饰，其中具有代表性的就是奢华艳丽的绡金衣裙，李清照有《蝶恋花》词云："泪融残粉花钿重，乍试夹衫金缕缝"，大约即是形容这类华服。宋人笔记、史书、小说中常提的"绡金"，也正是指这类装饰灿烂的服装。如图1-56的印金彩罗裙质地轻柔，纹饰瑰丽。[1]普通人家上了年纪的老妇人通常选择颜色较深的布料作下裙，而年轻妇女有不少选择用素白色纱质布料作下裙。

另外还有一种合欢掩裙流行于劳动阶层，因下层人民从事劳动，在特有的袑裤外覆以掩裙衣式用以遮挡裤裆部位，这种既经济又美观的合欢掩裙深受劳动女子喜欢，后也流行于上层阶级。

宋代江休复著的《江邻几杂志》中还记载一种"旋裙"："妇女不服宽袴与襜，制旋裙，必前后开胯，以便乘驴，其风闻于都下妓女，而士人家反慕效之，曾不知耻辱如此。"可见，"旋裙"是宋代女性为了方便骑乘设计的带有功能性的"开胯之裙"（裙子的两侧开衩至胯部），最初只是宋代妓女的裙式，但是很快就在宫廷贵妇中流传。

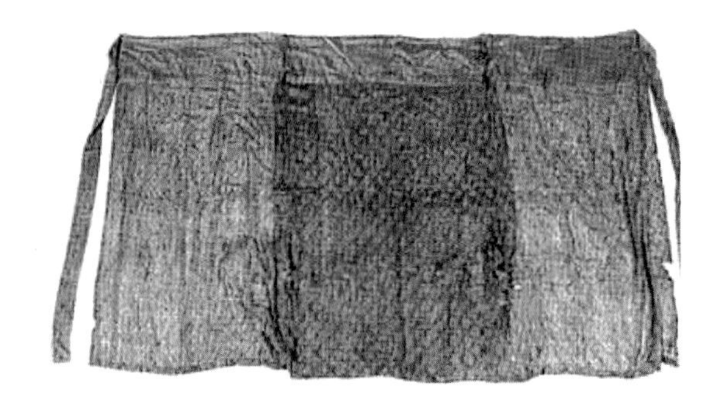

图1-56　印金彩罗两片单裙（江西德安南宋周氏墓出土）

---

[1] 李科友，周迪人，于少先．江西德安南宋周氏墓清理简报[J]．文物，1990（9）：1-13+97-101．

五、宋元时期的裤装

宋朝因为家具的流行，像椅子、凳子等家具的普及使用，使人们开始脱离“席地而坐”的习俗，垂足而坐也在人们的生活开始普及开来，坐姿的改变，对于下裳也有了新的要求。

由于封建礼教的约束，妇女着裤需在外面用长裙掩盖，如福州黄升墓出土的外侧开中缝合裆裤，就是穿在长裙里面的裤子，这种裤子进一步提高了裤子的实用性功能。此墓随葬有服饰201件，其中裤子就有24件，较完好的22件，残破的2件。其中合裆裤15件，套裤1件，开裆单裤8件，夹裤4件，丝绵裤3件。其中绢7件，罗7件，花绫2件。[1] 裤子式样最特别的一种是裙裤式，即在满裆裤的左右外侧整条中缝开成两片，形似裤子又似裙子，如图1-57的

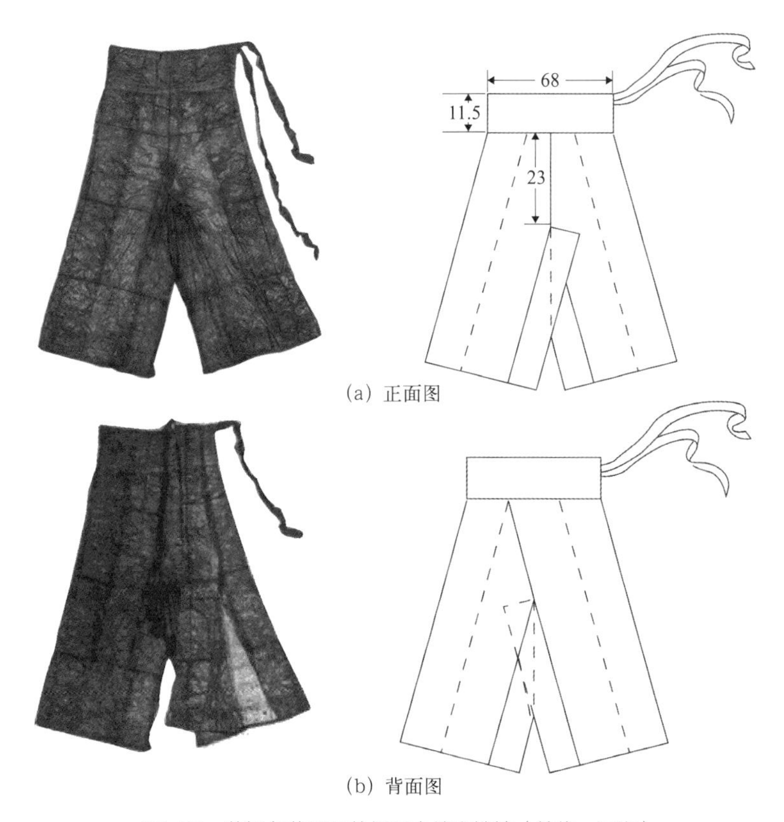

图1-57　黄褐色花罗两外侧开中缝合裆裤（单位：厘米）

[1] 福建省博物馆．福州南宋黄昇墓[M]．北京：文物出版社，1982：62．

黄褐色花罗两外侧开中缝合裆裤即是其中的代表，此裤形制特殊，窄裤腰，宽裤口，裤裆长方形面料与裤腿内侧相接缝制而成，两侧分别有开缝。裤子主要由裤腿、裤裆、裤腰三部分组成，裁剪时都是整片，没有拼接。裤腿每个边各用长方形面料双幅折叠，左边的剪去右上角，右边的剪去左上角，然后两边做人字形缝合，这就相当于对裤子的裆部做了弧线的处理，使裤子更加合体，可见，宋代的裤子已经开始有了表现人体体型的意识。

在宋代《瑶台步月图》中，也出现过这样形制的裤子，如图1-58右侧的女子下身穿着的裤装，正是在裤腿外侧开有衩缝。在考古研究中，合裆裤都是穿在里面的，反而开裆的裤子加罩在外，而黄升墓所出土的这种外侧开衩合裆裤正好相反，当时的女子是将这种开衩裤加罩在其他的裤子之外，起到遮掩身体又方便穿着的作用。如图1-57的合裆裤，在开衩处，做出变化丰富的活褶，设计实在巧妙。可见，在宋代女子包括上层社会的妇女中间，裤子都倍受喜爱，风靡一时。

开裆裤在宋代的裤装中同样占据着可观的数量。如图1-59黄升墓中的烟色牡丹花罗开裆裤，其款式结构特点为：裤腰明显缩窄，裤长减短，裤口宽大，裤裆提高，前后裤裆有重叠的部分，后腰不相连，用绳带系缚，裤片左右不对称，其中前后裤片的省道是它最突出的特点，这种形式的裤子在宋代以前不多见。该裤子裤长为87厘米，裤腰宽74厘米，裤腰高11.7厘米，裆深36厘米，裤腿宽28厘米，裤脚宽27厘米，保存较为完整，但是腰带处有所破损。它以花罗为材料，以三经绞罗为地组织，纹样清晰秀丽，织工精巧，所

图1-58 《瑶台步月图》

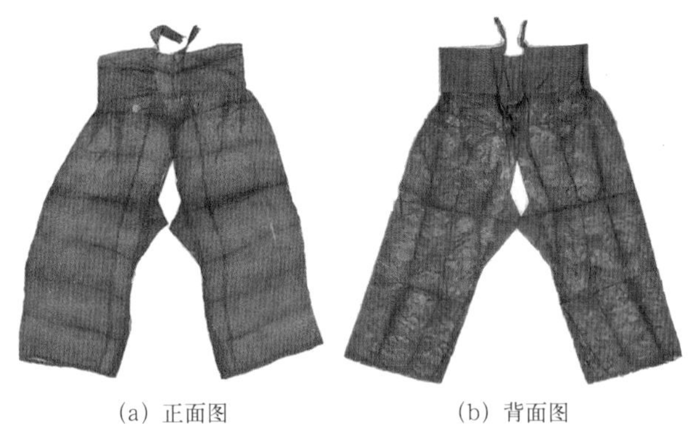

图1-59 烟色牡丹花罗开裆裤

用的提花纹样是具有富贵和荣华寓意的牡丹，是中国古代广泛运用的传统吉祥纹样之一。

1988年4月华容县元墓发掘的元代绛色缠枝莲纹开裆夹裤，是目前元代考古发掘出土最为完整、材质优、工艺精的裤装之一。其特点是：裤为绛色缠枝莲绫面，由裤腰、裤腿、裤裆三部分组成，大裤口，斜裤裆，两外侧开中缝，有褶裥，后腰不相连，两端各有绳带系缚。

除了开裆裤，套裤也在宋朝非常流行，这类开裆膝裤与先秦时期的胫衣穿法有所不同，胫衣多贴身穿，而膝裤则多加罩于满裆裤外。从已出土的宋代男女服饰资料看，统治阶级和富家成年男女皆有穿着套裤的习惯，浙江兰溪南宋高氏女墓曾出土4条套裤[1]，金坛南宋周瑀墓出土3条套裤[2]，河南白沙二号宋墓壁画衣架上搭的花裤（图1-60），其形制与黄升随葬的套裤基本相近，这个实例又一次证实套裤确是宋代男女的通服。

图1-60 河南白沙二号宋墓壁画

[1] 浙江省博物馆，汪济英．兰溪南宋墓出土的棉毯及其他[J]．文物，1975（6）：54-56．

[2] 肖梦龙．江苏金坛南宋周瑀墓发掘简报[J]．文物．1977（7）：18-24．

第六节　明代汉族民间的衣裳

公元1368年朱元璋推翻了以蒙古族为主体的元朝政权，建立以汉族为主体的大明王朝。为了恢复汉族文化传统，朱元璋采取了一系列措施重新恢复华夏文化，如对元代蒙古族的各种生活习俗加以否定，摒弃原先元朝制定的衣冠服饰制度，重新易回华夏之服的传统，恢复汉族各种服饰形制及礼仪制度，在服制上上采周汉，下取唐宋，结合古代中原服饰形制从多方面恢复和完善汉族王朝的衣冠服饰文化体系，《明史》有载：“壬子，诏衣冠如唐制”。

主要针对宫廷及官宦阶层以法令的形式从服饰的面料、形制、尺寸、色彩等四个方面做了明文规定，初步形成了明代的服饰制度。另一方面，服饰制度从服饰各细节角度区分了社会各阶层的贵贱等级，不同阶层不能混穿，更不能僭越，民间士庶服饰的基本造型也来源于统治阶层规定的形制，以及官宦阶层燕居后自上而下的仿效。随着明代经济的进一步发展，新兴的纺织织造与手工装饰技术达到空前的工艺水平，使民间各阶层的服饰在款式造型、材料质量、工艺技术、装饰艺术等方面都有很大提高，形成了汉族民间服饰的独特风格。

明朝初年明太祖对民间服饰做出种种规定，制订了严格的服饰制度，服装形制简洁朴素，因此官民士庶，衣食住行皆受身份品级之限定，不敢轻易僭越。如江南地区，“明初风尚诚朴，非世家不架高屋，衣饰器皿不敢奢侈；若小民，咸以茅为屋，裙布荆钗而已。”明代男子多穿着袍服。妇女的衣裳丰富多样，主要有袄、褙子、比甲、襦、裙等，普通女子多以紫花粗布为衣，不许金绣。褙子与大袖衫、霞帔、凤冠、丝履组合为礼服形制。明中叶逐渐突破这些禁忌，民间流行穿着比甲，无领袖、无衣襟、下摆过膝。民间衣裳审美趋向“新颖、奇异、特别”，如男装女性化倾向，女子常穿用各色布料拼接而成的“水田衣”。

明代对于妇女服装的颜色也有明确的规定，“庶民妻女用袍衫止黑、紫、桃花及诸浅淡颜色，其大红、鸦青、黄色悉禁勿用。”但是随着僭越和服妖之风的盛行，万历后，江浙小康之家“非大红绣衣不服”，大户婢女“非大红里衣不华”；都城北京，“妇人尚炫服之饰，……遇有吉席，乘轿，衣大红蟒衣”。整体而言，明代前期与后期的衣裳风格呈现较大的差异，其主要品类有袄、衫、裙、褙子、比甲、襦裙等。

一、明代的袄

明代袄裙成为衣裳的主流，所谓“花冠裙袄，大袖圆领”，成为后来汉族民间女装的基本原型。《明史》记载：“凡婢使，高顶髻，绢布狭领长袄，长裙。”[1] 说明袄是官方给予普通平民女性的服装规制，形制多样，领有交领、立领、圆领等形式，门襟为交领右衽或者对襟，衣身左右开衩，袖较肥宽，并有收口，如图1-61为《三才图会》中绘制的袄。

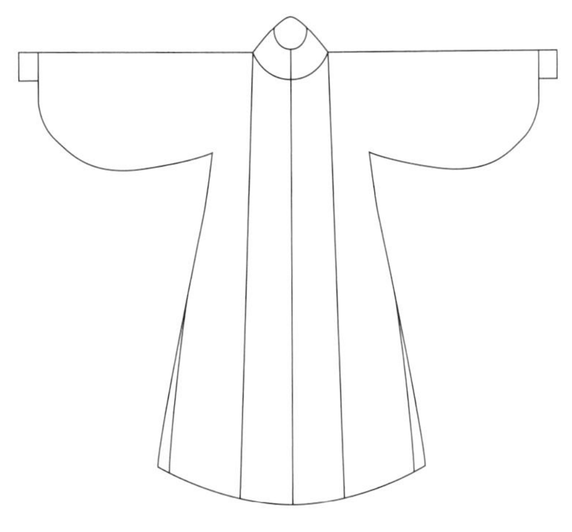

图1-61 《三才图会》中的袄

在《金瓶梅》中，各类女性人物也是喜穿袄，区分等级和地位主要在袄的用料和装饰手法上，富裕人家都为精美的丝绸锦缎织物或者贵重的裘皮，普通女性使用的质料较差，制造得较为粗陋，色调也较单一。如第五十六回描绘众妇人的秋装：“月娘上穿柳绿杭绢对襟袄儿，浅蓝水绸裙子，金红凤头高底鞋儿；孟玉楼上穿鸦青缎子袄儿，鹅黄绸裙子，桃红素罗羊皮金滚口高底鞋儿；潘金莲上穿着银红绉纱白绢里对襟衫子，豆绿沿边金红心比甲儿，白杭绢画拖裙子，粉红花罗高底鞋儿；只有李瓶儿上穿素青杭绢大襟袄儿，月白熟绢裙子，浅蓝玄罗高底鞋儿。”可见富贵人家用料之讲究。

图1-62女子容像中穿着的便是早期的交领短袄。而图1-63女子容像中穿着的便是立领长袄，无锡钱樟夫妇墓出土明代中早期的镶绫格纹边绢对襟女短袄（图1-64）与鸟衔花枝纹缎女交领夹袄（图1-65），虽已看不出衣服的具体颜色，但质料精美、纹样典雅（图1-66），是明代士大夫家庭女性短袄的代表，也可与史志中的记载相印证。

[1] [清]张廷玉．明史[M]．长春：吉林人民出版社，1995．

图1-62　明代女子容像1

图1-63　明代女子容像2

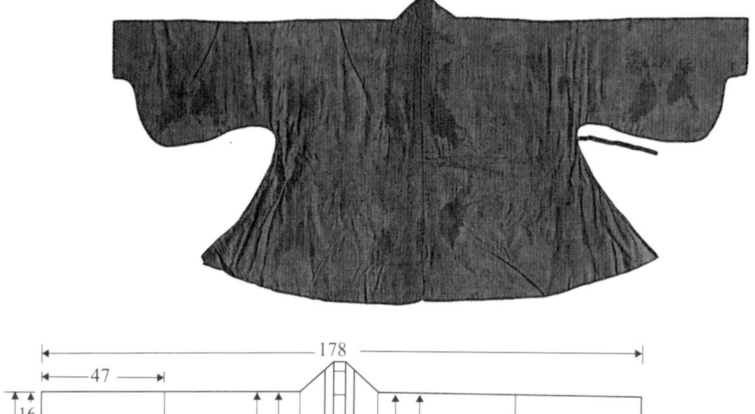

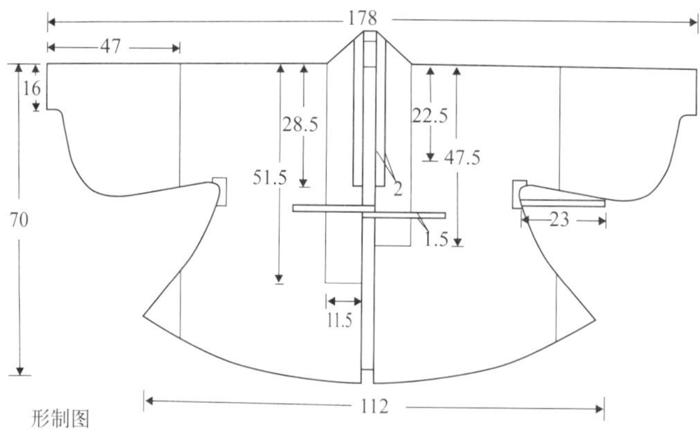

菱格纹边组织结构

图1-64　镶绫格纹边绢对襟女短袄
（中国丝绸博物馆整理修复）（单位：厘米）

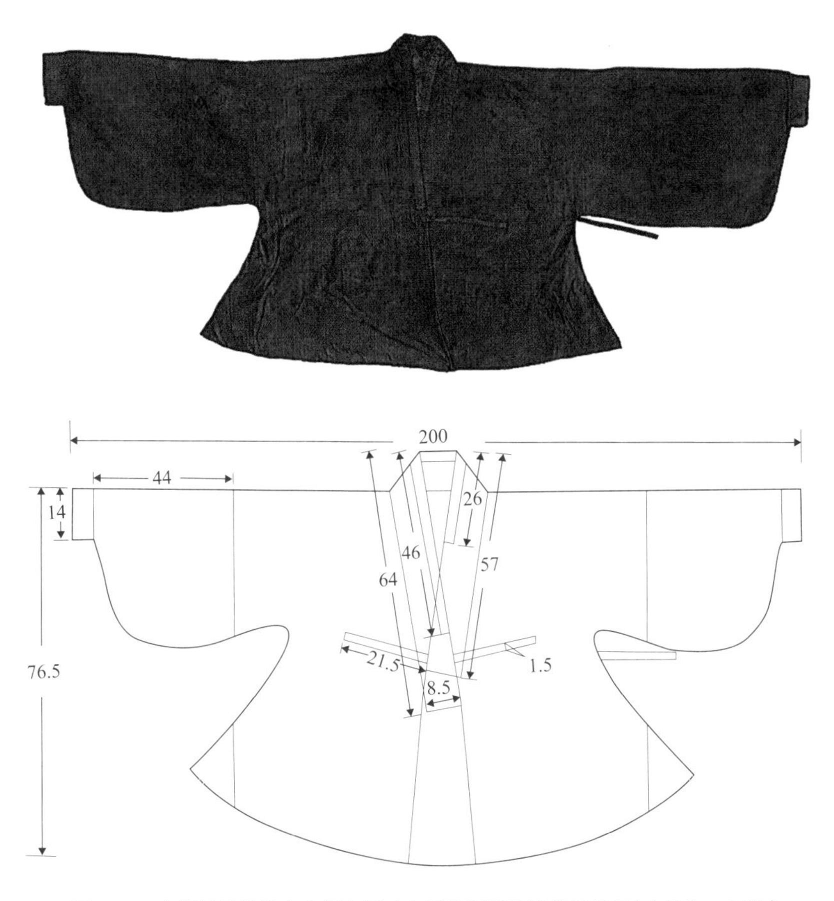

图1-65　鸟衔花枝纹缎女交领夹袄（中国丝绸博物馆整理修复）（单位：厘米）

图1-66　鸟衔花枝纹缎女交领夹袄纹样复原（中国丝绸博物馆整理修复）

二、明代的衫

衫也是明代女性常见的上衣形态，一般为立领、圆领或者直领，对襟居多，胸前系带连接，宽肥大袖，袖口略收，衣身两侧开衩，有长短衫之分，长衫盖过臀部，短衫齐腰。图1-67为山东省博物馆藏明代蟹青绸女长衫，形制为立领、对襟、宽袖，两侧开衩至腋下，领、襟边、袖口、下摆、侧边等处缘饰有织金缎宽边，为上流社会贵族妇女的外衣形制，主要为大袖衫。

明代女性日常所穿的衫一般为短衫，如图1-68为山东省博物馆藏黄罗短衫，形制为对襟直领，宽肥大袖，衣长齐腰，领口与袖口有深色宽边缘饰，胸前系带。《明史》记载："小婢使，双髻，长袖短衣，长裙。"《金瓶梅》中各类女性人物服用名目繁多的各类衫也可为佐证明代的衫是当时的流行衣裳之一。《金瓶梅》中提到"对襟衫儿"多达数十次，按面料分有：妆花衫，白纱衫，白银条纱衫，绡金衫，夏布衫等。如图1-69容像中内穿长袖短衫，外穿短袖衫（半臂），下着褶裙是明初江南地区的经典搭配，中国丝绸博物馆收藏的明初钱姓女子的三件套套装（图1-70）可与之相印证，此套装上衣里层是方格纹绮的长袖衫，对襟、直领，袖缘用绢贴边，以平纹地上起万字田格斜纹花制成。外套为绢短袖衫，对襟、直领，领缘贴有刺绣花卉纹边，门襟处有两根系带结系，两边腋下开衩，用平纹绢制成。

图1-67　明代蟹青绸女长衫（山东省博物馆藏）

图1-68　明代黄罗短衫（山东省博物馆藏）

图1-69　明代传世人物容像

图1-70　明初女性套装（中国丝绸博物馆藏）

三、明代的裙

关于明代女性的裙装，明末清初史学家叶梦珠所著的《阅世编・内装》一卷中有明确记载："裳服，俗谓之裙。旧制：色亦不一，或用浅色，或用素白，或用刺绣，织以羊皮，金缉于下缝，总与衣衫相称而止。崇祯初，专用素白，即绣亦祗下边一二寸，至于体惟六幅，其来已久。古时所谓裙拖六幅湘江水是也。明末始用八幅，腰间细褶数十，行动如水纹，不无美秀，而下边用大红一线，上或绣画二三寸，数年以来，始用浅色画裙。"[1]这里既讲述了明代女裙的演变：由期初的色系多、装饰多样，变为素白并且只在裙子的

[1] [清]叶梦珠．阅世编[M]．上海：上海古籍出版社，1981．

下边绣花（图1-71），也提到了六幅裙依然在明代适用。

中国丝绸博物馆藏无锡钱樟夫妇墓出土的明代中早期的四季花鸟纹织金妆花缎襕裙，此裙与图1-69容像中的女裙形制类似，皆为满褶，共分两片，裙长93.5厘米，裙腰长139厘米，裙摆长170厘米，门幅共八幅。虽然已经褪色，但仍能看出其装饰之华美（图1-72、图1-73），可与上文《嘉靖太康县志》中载的“裙用金彩膝裥”相印证。

据载，明代还出现过一种“风吹裙动，色如月华”的“月华裙”。《月令广义·八月令》中有记载：“月之有华常出于中秋夜次，或十四、十六，又或见于十三、十七、十八夜。月华之状如锦云捧珠，五色鲜荧，磊落匝月，如刺绣无异。华盛之时，其月如金盆枯赤，而光彩不朗，移时始散。盖常见之而非异瑞，小说误以月晕为华，盖未见也。”这种裙式最大特点在于腰间抽细褶，且每褶各用一色。《阅世编》中载：“有十幅者，腰间每褶各用一色，色皆淡雅，前后正幅，轻描细绘，风动色如月华，飘扬绚烂，因以为名。然而

图1-71　浅色刺绣褶裙（山东博物馆藏）

图1-72　四季花鸟纹织金妆花缎襕裙局部

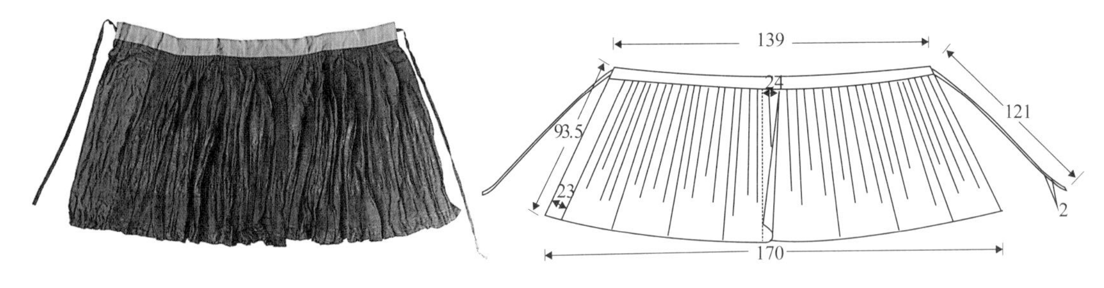

图1-73　四季花鸟纹织金妆花缎襕裙（中国丝绸博物馆藏）（单位：厘米）

守礼之家，亦不甚效之。"❶

另外，明代也已出现"马面裙"的裙式，这种裙式由明代产生一直延续至民国初年。最早是在明朝太监刘若愚的《酌中志》中有这样的描写："其制后襟不断，而两旁有摆，前襟两截，而下有马面褶，从两旁起。"明代马面裙的基本形制为前片和后片的中间开衩，并留有大于其他褶一倍以上的一大褶，成为一个矩形，因其形似马面而得名，"马面"两侧打活褶且褶裥较大，也增加了下半身的活动空间，裙款式简单，整体给人一种清新淡雅的感觉。

如图1-74为宁靖王夫人吴氏墓出土的折枝团花缎马面裙，该裙长78厘米，裙为两片布交叠共腰而成，每片布由三幅半的织物拼缝而成，幅宽60厘米。图1-70的下裙亦为马面裙。

《嘉靖太康县志》载："弘治间，妇女衣衫，仅掩裙腰；富用罗、缎、纱、绢，织金彩通袖，裙用金彩膝襕，髻高寸余。正德间，衣衫渐大，裙褶渐多，衫惟用金彩补子，髻渐高。嘉靖初，衣衫大至膝，裙短褶少……"❷记录了明代上衣与裙的流行变化，也侧面证明了马面裙在嘉靖年间的流行。

图1-74　宁靖王夫人吴氏墓出土折枝团花缎马面裙

❶ [清]叶梦珠．阅世编[M]．上海：上海古籍出版社，1981．

❷ [明]安都．嘉靖太康县志[M]．上海：上海书店，1990：110．

四、明代的褙子与比甲

明代褙子，用途更广，但形式与宋大致相同。一般分为两式：合领、对襟、大袖，为贵族妇女礼服；直领、对襟、小袖，为普通妇女便服。如图1-75为《三才图会》中的“褙子”，图下的文字云：“即今之披风，实录曰：秦二世诏朝服上加褙子，其制袖短于衫，身与衫齐而大袖，宋又长与裙齐，而袖纔宽于衫。”此处讲的即大袖褙子。

明初《舆服志》规定：“乐妓带明角冠，穿皂褙子，不许与庶民妻子相同。”说明各个阶层的女性皆可穿着褙子。我们从传世画作中亦可看到不同等级女性穿着褙子的造型，如图1-76、图1-77。

比甲是一种无领无袖的对襟长至膝下的马甲，生于元代，本为蒙古族服式，后传至中原，汉族女子也多穿用。《元史·世祖后察必传》载：“又制一衣，前有裳无衽，后长倍于前，亦去领袖，缀以两襻，名曰‘比甲’，以便弓马，时皆仿之。”至明代则是女性穿的较多，且衣长越来越长，《万历野获编》中说：“（比甲）流传至今，而北方妇女尤尚之，以为日用常服。”

明代中叶着比甲成风，样式类似背心，无袖，多为对襟，胸前襟多用锦绣缘饰，两边开衩，穿时罩在衫袄之外，长度一般齐裙（图1-78、图1-79）。《三才图会》中称之为“半臂”（图1-80），实则其与前代的半臂已有较大差别。

图1-75 《三才图会》中的褙子

图1-76 明代穿着大袖褙子的传世人物画像

图1-77 唐寅《孟蜀宫伎图》

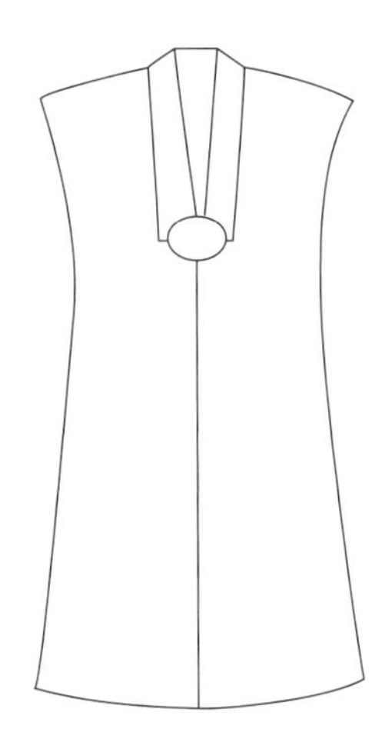

图1-78　比甲款式图

图1-79　传世画作中着比甲的女性形象

图1-80　《三才图会》中的比甲

五、明代的襦裙

上襦下裙的服装形式，在明代妇女衣裳中仍占一定比例。上襦为交领、长袖短衣。裙子的颜色初尚浅淡，虽有纹饰，但并不明显。腰带上往往挂一根以丝带编成的“宫绦”，宫绦一般是一条丝带在中间打几个环结，然后下垂至地，有的还在中间串上一块玉佩，借以压裙幅，使其不至散开影响美观（图1-81）。

图1-81　穿襦裙的乐女（传世绘画《汉宫秋》局部）

明代女装的基本样式主要延承宋元之制，上襦通常是交领、长袖，下裙裙幅有所缩小，所以更为贴体。腰间以细带束腰，凸显黄金身材比例。再加上轻薄柔软的面料裹体，勾勒出女性婀娜、优雅的独特气质。

明代襦裙最大的特色就是在长裙外再围一条相对短一些的腰裙，以便民间妇女们家务劳作。如图1-82和图1-83的舞伎、歌伎、乐师们大都穿着保守的右衽交领襦裙，且在腰间围了上述的腰裙，里面的长裙及地，外层的腰裙过膝。

图1-82 《琵琶记》插图

图1-83 明刻本《唐诗艳逸品》乐舞图

六、水田衣

水田衣是用各色布料拼接而成的一般女子衣裳（图1-84、图1-85），不同色彩及图案花式的衣料呈交错纵横的拼接形态，形如其时的星罗棋布的稻作水田地分布，故而得名。翟灏《通俗编》载“时俗妇女以各色帛，寸翦间杂，紩以为衣，亦谓之为水田衣。”[1] 它的历史渊源甚至可以追溯到唐代僧人的袈裟衣，范灯《状江南·季夏》诗中描述：“蚊蚋成雷泽，袈裟作水田。”这种袈裟即是现在我们通常所见的大小相仿的布条规则拼接缝合而成的僧衣，而明代妇女吸收了这种面料的拼接方式，却打破了原来工整、匀称、均衡的格局，只采用不对称的布条或余下边角料的随意形状进行相对应的拼接，具有极强的不对称和随和的形式美感、交错的色彩间隔的视觉冲击，突出地彰显个性风格，在明清妇女中间赢得普遍喜爱。我国少数民族苗族的百衲衣也是突出了这样的特殊视觉艺术效果。

图1-84　晚明水田衣

图1-85　晚明穿着水田衣的女子（《燕寝怡情图》）

❶ [清]翟灏. 通俗编[M]. 北京：东方出版社，2013.

水田衣在明代流行之初尚注意拼制的均匀，将各种颜色的面料裁剪成统一的长方形，然后有规律地缝合。发展到后来便不再拘泥于传统的形式。与戏台上的“百衲衣”（又称富贵衣）十分相似。“到了明末，奢靡之风盛行，许多大户人家为了做一件好的水田衣，经常会裁破一件完整的锦缎，只为得到一小块材料。”[1] 水田衣作为明代盛行一时的妇女衣裳，从中也可以看出明代衣裳风尚的变迁。

李渔在《闲情偶寄》中不仅道出了水田衣的产生和流行原因，同时还指出了衣裳流行与社会状况之间微妙的关系：“至于大背情理，可为人心世道之忧者，则零拼碎补之服，俗名呼为水田衣者是已。……推其原始，亦非有意为之，盖由缝衣之奸匠，明为裁剪，暗作穿窬，逐段窃取而藏之，无由出脱，创为此制，以售其奸。不料人情厌常喜怪，不惟不攻其弊，且群然则而效之，毁成片者为零星小块。……风俗好尚之迁移，常有关气数。此制不仿于今，而仿于崇祯末年。”可见，李渔认为水田衣的产生并非有意为之，而是缝纫工匠在裁剪的过程中偷藏了顾客的面料，而这些零碎的面料积攒的过多了没办法处理便创制了水田衣这种服装形式。然而他认为更加出人意料的是人们对衣裳的喜好往往是很奇怪的，世人不仅不攻击这种投机取巧的衣裳的弊端反而争相效仿，把完好的整块面料也裁剪成小块，同时李渔还把水田衣的流行与国家的气数联系在一起，认为这种奇特的衣裳与社会的动荡是分不开的。

第七节　清代汉族民间的衣裳（1644～1840）

明末的战乱，持续时间长，波及范围广，汉族地区的社会经济受创甚巨，风俗文化受此影响，基本处于停滞和溃散状态。满族入关建立政权后，试图在风俗文化的层面上消灭汉族的民族特性。然而，由于“箭衣窄袖”的满族服饰制式与汉族千百年来所形成的“宽衣大袖”制式相去甚远；再加上清朝

[1] 赵勇．明代汉族服饰探究[D]．济南：山东师范大学，2010．

统治者所施行的种种强制性政策，引起汉族民众的心理反感，所以以“剃发易服”为主要内容的风俗改制，遭到汉族各阶层的强烈抵制。清朝统治者最后也不得不采取“十从十不从”的折衷方案❶，也就是说汉族社会女子、儿童、隶役、释道人等，以及优伶演戏时，女子结婚或死殓时均可着汉族传统服饰，保持汉族传统风俗。

因此，汉族男子服装是在政治的压力下迅速变革的，其主要服饰是长袍、马褂；女子的更装是逐步实现的，起初延续了明末的女装风格，衣裳以袄、褙子、比甲、裙子为主，《六十年来妆服志》中载：“在清初的时候，妇女所穿的衣服，与明代无甚歧异，只是后来自己渐渐变过来了。”❷ 如图1-86为现藏于苏格兰国立博物馆的清早期人物画像，其中男子服饰为典型的满族风格，而女性无论是衣装还是发型皆完整保留了明代女性的服饰传统。

随着满汉的逐渐融合，汉族女性也对满族服饰进行了借鉴，交领逐渐改为立领或无领，形成了上袄下裙或裤的基本搭配，上衣有袄、褂、衫和背心或马甲，单衣为褂、衫，有夹里的为袄；下裳有裙和裤之分（图1-87）。清代汉族上衣的样式和图形翻新很快，基本形制为立领、大襟右衽（或对襟）、连

图1-86　清早期人物画像

❶ 即所谓的“男从女不从，生从死不从，阳从阴不从，官从隶不从，老从少不从，儒从而释道不从，娼从而优伶不从，仕宦从婚姻不从，国号从官号不从，役税从文字语言不从”。

❷ 包天笑．六十年来妆服志[J]．杂志，1945（3）．

图1-87　清代传世照片

肩袖、袖身宽大平直、下摆开衩。衣身面料为暗花绸缎，大襟至侧襟及两侧开衩处刺绣或镶滚装饰，或是用素缎作底，上面刺绣图案，衣饰上追求镶滚工艺的装饰，袖口增大，且有许多边饰，鼎盛阶段有“十八镶十八滚”之说，无休止地追求装饰的堆砌（图1-88、图1-89）。

图1-88　清代石青色蝶恋花纹对襟女褂
（中国丝绸博物馆藏）

图1-89　清代粉色竹子花卉纹暗花绸裤
（中国丝绸博物馆藏）

张宝权《中国女子服饰的演变》中记载：

差不多有清一代，标准的服饰便是一套袄裤。……大袖子和裤子显出一种镇静文雅的感觉。……在这许多衣服的外面，罩一件“云肩马甲”，因为它的阔边剪裁成云卷的形状，所以起了这个名辞。

遇到举行典礼的时候，穿在裤外的裙，定式非常谨严。

一个理想中的中国女子，在这重重的衣饰下，身材娇小玲珑，下斜的肩膀，凹陷的胸部，弱不禁风，这是女子最重要的性质。❶

《孟县赵和乡志》也记载：“女的上身穿大襟衣服，长到膝盖。裤子裤腿镶边，走亲戚还要束裙子，衣领口很高，袖口很宽。”❷ 可与之相印证。在明朝的时候，汉族女性的裙装款式中已经出现两侧打褶，前后的裙门不打褶的样式。到了清朝，马面裙就已经成为当时最常见的下装。如图1-90为清中期大红皮球花绸阑干裙，此阑干裙为大红色皮球花绸底料，裙门、底边、阑干为黑色镶边，在底边和裙门的黑边内和黑边外又分别镶两道蓝色花纹边饰，每条阑干上都镶黑色白边如意头条带。裙腰为红色，在当时较为典型。

随着满汉融合的加深，汉族女性的上衣下裙也逐渐被满族女性接受，如图1-91便是一位梳旗头的女子身着清代汉族女性典型的女褂和马面裙。可视作民族融合在衣裳上的直观展现。

图1-90　清代大红皮球花绸阑干裙（中国丝绸博物馆藏）

图1-91　清代传世照片

❶ 张宝权．中国女子服饰的演变[J]．新东方，1943（5）：55-90．

❷ 赵和乡编志组．孟县赵和乡志[M]．[出版者不祥]，1985：145．

随着时间的推移，满汉文化的相互融合，清代汉族社会的风俗文化已建立起满汉交融、多元一体格局的基本框架。满族文化在不失内在传统的前提下，吸收了大量汉族文化，充实了自己正在发展中的衣裳文化，而汉族文化在其早已成熟定型多个朝代的情况下融进了崭新的因素，出现了新的演变，服饰是文化和政治认同的符号表现形式，清代服饰既表现了满族的服饰风格、服装形制，又保留了汉族服制中的封建等级内容，它既符合服装随环境变化发展的规律，又吻合中华民族文化共存、共享、共荣的文化发展特点，体现了满汉文化的交融特征。

第八节　古代汉族民间衣裳的融合与变迁

一、古代汉族民间衣裳的融合

自夏商周起，汉族与少数民族的交流未曾断绝，或通过和平的纳贡，或通过惨烈的战争。为顺应局势的变化，汉族民间衣裳吸收融合了其他少数民族的特色与优点，一次次地进行着改良。不同历史时期汉族民间衣裳因民族融合所表现出的差别主要为汉族与少数民族之间的服饰文化借鉴，当政少数民族与汉族之间的相互影响，南北东西不同地域服饰文化交流，以及中外服饰文化的融合发展。

1.功能需求下的古代汉族民间衣裳融合

服装的起源一说是为了满足人们的生理需求，调节人体温度或保护身体避免伤害，而衣裳作为服装的一部分，其功能性同样是人们的主要需求之一。在充满变动的几千年中华历史中，汉族民间衣裳为了弥补自身实用性与功能性的不足，也曾多次向周边地区与少数民族学习借鉴其服装特点。在功能需求驱使下将传统汉族衣裳与胡服形制相融合所进行的第一次尝试出现于战国时期，在彼时学术百家争鸣、各国间战事频繁不断的社会背景下，为了在战争中提高自己军队战斗力以抵抗周边国家和北方少数民族的侵犯，赵国国君武灵王研究学习北方游牧民族的服装，借鉴其活动性更强的形制特点，并在全国推行“胡服骑射”以普及胡服。《史记·赵世家》载“今中山在我腹心，北有燕，东有胡，西有林胡、楼烦、秦、韩之边，而无强兵之救，是亡社稷，奈何？夫有高世之名，必有遗俗之累。吾欲胡服。”[1]于是汉族传统的宽衣博袖形制趋于紧窄，传统的套裤也改为更适合骑马行动的有前后裆并与裤管相连的合裆裤，胡服逐渐被汉族所接受。

与战国时期相似，魏晋南北朝作为中国历史上一个混乱分裂的时期，战争与民族大迁徙促使胡、汉杂居，汉族与少数民族的联系进一步深入；南北交流造成了来自北方的游牧民族和西域异质文化与汉族文化的相互碰撞与相互影响。《抱朴子·讥惑篇》记：“丧乱以来，事物屡变，冠履衣服，袖袂财制，日月改易，无复一定，乍长乍短，一广一狭，忽高忽卑，或粗或细，所饰无常，以同为快。”就记述了这一时期衣裳形制的混乱，在这种频繁的变化与调整中，实用功能比传统汉族宽松肥大的服装优越的胡服向汉族劳动者阶层传移[2]，紧窄短小、上俭下丰的适体样式流行于汉族民间[3]，这种紧身短小的服装极大地满足了百姓劳作活动的需要。辽金游牧民族入侵中原，两个少数民族王朝与宋朝的交流方式更多为纳贡和战争，战乱不断影响到人们穿衣的要求与风格，致使这一时期的男女服饰摒弃前朝的宽大形制，转而愈发窄瘦，在遵循传承传统服饰文化与形制的基础上，更多考虑到衣裳服用时是否便于活动，形成了宋朝特有的服装风格。

2. 审美需求下的古代汉族民间衣裳融合

自周代建立服制，纺织的发展程度决定了这时期以后的衣裳开始重视实用功能外的其他方面，人们对美的追求映射在衣裳之上，而在不同时期不同阶段下，受思想与文化发展程度及风格的影响，人们的审美理念有或大或小的差异，并推动了汉族民间衣裳对前朝形制或其他民族地域服装风格的融合与改良。自上衣下裳流行以来，每一次改朝换代时都会对前朝的衣裳形制有所改动，当朝时期流行的文化风尚很大程度上影响了同时期的穿着风尚。

魏晋与盛唐时期的衣裳较之其他朝代都偏宽大，前者受自身文化发展的

---

[1] [西汉]司马迁. 史记[M]. 北京：中华书局，1974：1806.

[2] 黄能馥，陈娟娟. 中国服装史[M]. 北京：中国旅游出版社，1995：127.

[3] 孙云飞. 历朝历代服饰：上[M]. 北京：化学工业出版社. 2010：162.

趋势推动，后者更多的是开放外交下外来文化与思想的影响。魏晋时期文人甚多，且玄学思想接替衰微的儒学流行于世，文人们对虚无、自然的追求及任性不羁的生活态度构成了这时期独特的魏晋风度，也形成了"皆冠小而衣裳博大，风流相放"的审美风尚。这种追求自由的审美观念由文人群体扩散于民间，在这一审美推动下，魏晋的服装趋于宽大，"褒衣博带"的造型较前朝衣裳差别甚大。作为另一个衣裳以宽为美、以博为尚的代表时期，唐朝中晚期在自身经济发展与纺织技术条件支持下受到外来思想文化的影响，对女性体态的审美观念发生了转变，女子以丰腴为美，女子的衣裳便随之渐渐宽大化，汉族民间衣裳由初唐的小衣窄裙向中后唐的博衣阔裙的转变历程，与后来的明代有着异曲同工之处，但后者在衣裳款式上对外来服装文化的吸收与融合程度远不及唐代。唐中后期为表现人体曲线美而改用的袒胸露肩款式亦反映了这一时期社会风气与民众审美的改变和创新，其开放程度为其他前后朝代所不及。而经济的繁荣亦使得人民的生活水平提高，中唐之后民众对华美的追求促使该时期的衣裳呈现出自由多样且高贵奢华的特点。

与唐代的丰盈美相反，宋代的审美风格达到了另一个极端。在宋代重文轻武的治国方针和程朱理学思想理念的影响下，上至贵族百官，下至平民百姓，皆以儒雅素净为风尚，"存天理，灭人欲"的指导思想对人们的生活态度与审美观念造成影响，衣裳的造型由唐代女服的宽博逐渐收敛，趋于守旧简洁，形成了宋代服装独有的严谨理性之美。[1] 同时，儒家、佛家和道家的并存，儒释道三教汇融，也极大地影响了宋代文人的处世心态与美学观念，愈发追求自然闲适的服装审美格调，反对过度的装饰与造型。南宋时期女性的衣裳狭窄贴体，大襟交领将胸部完全遮盖，另一典型的款式"褙子"满足了人们的审美需求，成为最流行于民间的衣裳之一。

二、古代汉族民间衣裳的变迁

随着之后朝代的更替、文化的发展、民族的交流，上衣与下裳的造型及色彩纹样装饰也经历了数次的变迁，逐渐演变出多种特色的样式，呈现出不同的时代风格特色（图1-92）。

---

[1] 孟小良．中国民族文化对宋代服饰的影响[J]．黑龙江史志，2015（1）：114-115．

图1-92　不同时代女子衣裳

1.上衣之变

我国汉族民间上衣种类多样，尤其是女子的上衣，因各朝代社会环境的差异而有所区分，其变化主要体现在领襟、衣长、袖子及衣身的宽窄几个部分。

先秦时期汉族平民妇女着襦裙，襦裙的上衣紧身窄瘦，袖子窄小便于活动，右衽开襟，下摆至腰节，敞开的对襟常收束于裙腰内并用条带系扎于胸前。这种衣襟样式保留直至南北朝时期发生改变，交领右衽的上衣逐渐成为

主流，女子服装开始变得多样。

到了汉代，襦成为汉族妇女最主要上衣样式之一，相比前朝长短宽窄有些微变化，上襦极短，衣长至腰间，甚至于汉末盛行出一种窄小而短到胸部的上襦，上短下长的女装是这时期具有特色的服式。东汉末年除了襦，还首次出现了衫，即无袖头的开衩单上衣，右衽大襟，有立领与无领之分，以盘纽、襻带或明暗扣系襟[1]，流行于民间。

魏晋时期的衣裳以宽博为尚，女装宽袖的形制别具一格且富有曲线变化，袖根紧窄，而自袖中拼接处袖口复为宽大。北朝时期社会混乱，中原地区汉族女性衣裳吸收了北方少数民族的服饰特点变得紧而窄小，窄袖短衣，有右襟与对襟两种形制。

这种瘦长纤细的女装在隋唐时期发生了较大的转变，短襦或衫的领口变化多样，出现了圆领、方领、斜领、袒领与直领等造型，相比魏晋时期袖口收窄，并在窄袖衫外罩穿长至腰部的半臂短衫作搭配。盛唐之后社会开明与对外交流使得女装款式比历代都丰富，为顺应女性崇尚体态丰腴的审美特点，衣衫造型日趋宽大，袖子也逐渐肥大，宫廷民间皆普遍流行一种袒胸露肩、领口宽大的衫，衣裳形制的多元与夸张是历代服装中前所未见的。这种华丽开放的服装风格与之后宋代清素淡雅的风格迥然不同。

在宋代统治者强调的"存天理，灭人欲"的程朱理学思想下，人们的审美观念也变得崇尚朴素，女子衣裳以瘦、窄、长、奇为特点[2]，上襦都较短小，交领右衽，袖身窄瘦，衣身细长。这时期特有的褙子袖子长而窄，对襟直领，不以纽扣或绳结系连，衣长过膝，并于左右腋下开衩，腰部用勒帛系扎。

经历了辽金元少数民族政权下胡服的影响，明代的褙子依然采用了宋代的主要形制，有长袖、短袖和无袖三种，袖有宽有窄，套在襦袄的外面。其时盛行另一种穿在衫外的无领无袖的开襟马甲，由隋唐时期的半臂演变而来，称为比甲，衣长过膝，成为女子日常穿着的外衣。这种半长上衣在清代又缩短了长度，发展出大襟、对襟与琵琶襟等多种造型的坎肩与马甲，而女子的上衣演变为立领斜襟，袖口又转为宽大，袄衫长及臀部，不再收束于下裳之内。

---

❶ 崔荣荣. 汉民族民间服饰[M]. 上海：东华大学出版社，2014：35.

❷ 赵刚，等. 中国服装史[M]. 北京：清华大学出版社，2013：90.

2.下裳之变

汉族民间的下裳为裙装和裤装，裤由于多做内衣因此变化不大，而裙作为上衣的主要搭配，随上衣的变化与社会审美的不同进行调整。纵观历史上汉族女性的衣裳搭配，裙的造型变化多表现在裙腰的高度、裙身的长度以及褶裥的运用。

秦汉以前，女性穿襦裙时裙腰常用绢带系于腰间，裙摆及地，盖住脚面以行不露足，汉代襦裙的下装呈上窄下宽的喇叭状，腰间两侧缝有系结用的丝带，汉末民间妇女为了方便劳作将裙长缩至膝盖。至于魏晋时期，裙腰上提至腰节之上，裙摆宽大以追求飘逸之美，并通常在裙外系穿一件较短的围裳，用丝带系扎固定。隋唐的女子上装变短，下裳的裙腰提高，用绸带系在胸部上下，下摆长及地面并呈圆弧形，这种窄小紧身的高腰襦裙既表现出人体结构的曲线美，又体现了当时社会追求的潇洒风度，成为唐代初期最流行的款式之一。

从初唐到盛唐，裙装的造型由窄小逐渐演变为宽博肥大，裙身由多幅布拼合缝制，以达到宽大的造型效果，或用两色或以上面料制作，延伸出了如石榴裙、花笼裙等别致的款式。宋代女子衣裳风格比较保守内敛，造型基本上延续了唐代形制，制作所用的布幅数量最多为十二幅，但以褶多为美，裙身多褶裥，以六幅褶裙为例，中间四幅均匀打六十褶，裙摆亦拖于地面，裙腰仍束于胸部以下，整体仍然保持了窄瘦细长的视觉效果。唐宋时期的裙装相对新颖，而明代建立初期女子的裙子遵循“裙拖六幅湘江水”的古训，明末才始用八幅。明清时期女子所着裙装款式以马面裙、凤尾裙、百褶裙等为经典，裙长及足，覆住脚面，裙褶的造型多样，集中在裙身两侧，有死褶与活褶等形制，并留出前后二十厘米左右宽的平幅裙门。

3.装饰之变

衣裳有形制，亦有色彩、纹样、工艺等装饰，历朝历代的统治者们在通过对造型进行改动来表现文化思想的发展的同时，也对衣裳的色彩与纹样做出改动与调整，以此彰显与前朝的不同及统治思想的变化。

（1）色彩装饰之变。古人信奉“阴阳五行学说”，并将青、赤、白、黑、黄五种正色与这一理论学说相结合，创建“五色学说”，并对之后各个朝代时期的衣裳产生了深远影响。秦始皇深信朝代兴替与五行相生相克理论有所关

联，以为夏商周分别对应了木德、金德与火德，其自属水德，对应玄色，于是“衣服旄节旗皆上黑”。汉代继承同样的理念初期仍以玄色为尚，后又逐渐崇尚黄色与赤色，并多用于皇室朝服，而秦汉民间衣裳受礼制限制主要以白色与黑色为主，于西汉后期始用青绿色。受不同社会风气的影响，汉族民间衣裳的色彩也表现出多种风格，唐代衣裳的色彩鲜艳明亮，颜色的相间搭配丰富，为其增添了靡丽之感；宋代追求朴素和理性之美，其服装选用的颜色也倾向于清淡，上衣多采用淡绿葱白一类的间色，裙子的颜色纯度相对较高，有青、绿、蓝、白及杏黄等，在整体的色彩搭配上更加协调。明代汉族庶民女性衣裳可用的颜色在青绿基础上增加了紫、桃红等浅淡艳色，同其他等级相区分，后期僭越之风盛行，针对女性服色的禁令已名存实亡，艳丽的大红丝绣成为妇女争相穿用的时髦，直至清朝，服色流行又发生了变化，染色技术的进步使得色彩更富有层次变化，后期浅灰、银灰及带有正色倾向的各类高级色系成为这一时期特有的艺术风格。

（2）纹样装饰之变。在社会发展与思想文化的推动下，人们在选择织绣纹样的题材时加入了更多主观意识，使得纹样产生并被赋予特定的象征寓意，随着人们对其蕴含在内的美好愿望的追求不断完善，纹样形式也越来越丰富，构成了传统汉族绚丽的艺术特色。秦汉以前的纹样受图腾崇拜心理的影响，多为对自然界某一物象的再现或变形，纹样构成严谨，以规则纹样与几何纹样为主。春秋战国后社会思潮的活跃使得拘谨凝重的纹样向更为生动活泼的艺术风格发展，秦汉的纹样整体呈现出生气勃发、华丽庄严的特点，对动植物纹样题材的运用更加灵活豪迈，较早地将吉祥祈愿用于自然图形中，并与书法文字相结合。魏晋南北朝时期社会文化的构成相比前朝略为复杂，玄学兴起、佛教引入、道教勃兴，同时还有波斯、希腊文化的渗入，于是这一时期出现了较多异质文化的纹样，例如带有宗教内涵的佛教“天王化生纹”，后作为伊斯兰教象征物的“圣树纹”，忍冬纹等。唐代外来文化的活跃输入使得这一时期装饰纹样层出不穷，含有美满寓意的纹样愈发盛行，如宝相花纹、瑞金纹等，后期植物纹样的运用更加多样并逐渐代替了鸟兽纹样。宋、元、明、清的纹样继承并延续了唐代趋于写实的风格，并在此基础上各自发展出不同的纹样种类，图案的构成也越来越烦琐精美，将纹样赋予各类美好寓意的吉祥纹样愈发流行，于明清时期达到了“纹必有意，意必吉祥”的鼎盛状态。

（3）辅料装饰之变。纺织技术的日渐提高，审美内容的日益完善，使衣裳上的工艺装饰逐渐成熟而精美，包绲在衣衫领襟、袖口的缘饰，起连接固定作用的扣饰与丝带，交错于裙面腰间的褶饰等，在各朝代社会环境下有着不同的内涵及表现形式。战国时期出现了上衣下裳制的襦裙，衣裳用绳带系结固定，后借鉴胡服形制时也学习了其先进的腰带设计，将打有小孔的皮带头装饰金属环扣于扣针，这种腰带实用性相比传统汉族腰饰更强。直至明代以前女子衣裳仍多用丝带或绢条系扎，明代时期女子着褙子时用纽扣，时用绳带，纽扣的使用率明显增加，清代更是以纽扣、绳扣作为了主要连接物，材质有纺织面料或金属。与扣饰一同变化的还有褶裥的运用，自魏晋时期开始出现多褶裥裙，人们对褶裥与裙身的结合就愈发熟练，褶裥的密度与数量不断变化，并出现“活褶”与“死褶”之分，明清时期更是在此基础上再设计出纹理独特的鱼鳞百褶裙，展示出传统汉族人民极强的创造性及审美观念。

三、古代汉族民间衣裳演变阐释

汉族衣裳在几千年的历史里多次变动，记录了政治上每一个历史节点，反映了社会每一步发展与变迁。然而衣裳的款式“最终是由在人们内心起作用的服饰独特的美的意识或表现意识来决定的”。衣裳作为一种重要的物象化载体，其变化离不开外界种种因素的影响。从汉族衣裳自身分析，其每一次对少数民族服装特色的吸收与融合无不体现出中华民族强大的包容性，其造型风格的改变深受社会文化与思想氛围的影响，其服色与装饰的演化更是显现出人们审美观念的日益进步。

1.包容进步的自身因素

（1）汉族的多元与包容性。汉族衣裳在历史过程中表现出较明显的多元同一性，在继承自身文化核心的同时，面对少数民族服装与文化的传入时或积极地主动包容，或被动地吸收融合，在这个过程中传统汉族衣裳学习并结合了异质服装的性能、造型、审美等多方面特点，同中华文明一样呈现出多元共存、兼收并蓄的风格。作为长时期范围内一脉相承的主流服装，传统汉族衣裳具有强大的自信与自身认同感，是其延续千年，在混乱的变革中仍能保持最初的内涵与形制特点的主要原因。这种民族认同感促使传统衣裳在日

积月累中逐渐彰显出强烈的文化魅力，吸引着周边其他文化前来交流。

随着各类文化层出不穷，北方游牧民族服装文化、西域服装文化甚至于后期波斯服装文化等外来文化对传统汉族衣裳的影响日渐深入，汉族衣裳及衣裳文化又展现出其强大的包容性，尊重每一个民族群体的服装特色与文化，在顺应社会发展的环境下提炼并借鉴异族服装的优势之处，例如盛唐时期的衣裳与文化，对外来文明的广泛包容与接纳使得这时期汉族女性衣裳在款式数量、造型的变化与开放程度都达到前朝所不及，服装整体风格多彩纷呈，并吸收了胡服的元素。唐代衣裳的演变程度通过当时的文字记录得以重现，天宝初年女子的服装尚小，《安禄山事迹》下卷对其描述为“妇女则簪步摇，衣服之制，襟袖狭小。”而元和以后，“风姿以健美丰硕为尚”[1]，数十年间女子的衣裳造型就发展到了另一个极端。这种开放奢美风尚之盛使得朝廷不得不颁布明令加以约束，在《旧唐书·文宗纪》中记述到，太和二年，唐文宗传旨诸公主“不得广插钗梳，不须着短衣服。”[2]此外中原同少数民族的来往贸易不断拓展而深入，汉族百姓在与少数民族日益频繁的接触中自发自觉地模仿了部分性能优于传统衣裳的胡服，并对胡服的设计要点和造型结构进行了解体和分析，再转化应用于传统衣裳之上，演变过程中“胡服盛行”与“女着男装”之风更为鲜明地体现了汉族自身强大的文化包容性。

（2）汉族不断进步的审美观念。人的审美观念和象征意念不仅受时代意念的制约，而且受民族意念的制约，这是服饰文化具有时代特色和民族特色的原因。汉族人民在传统汉族文化一脉相传的核心思想中形成了独一无二的民族特色，在更迭交替的朝代社会背景中又受到所谓时代制约，形成了多个不同的且具有朝代特色的服装风格。

传统汉族衣裳作为中华文化的一种物象化表现，想要在漫长的历史中保持生命力和活力，形成以传统形制和服饰文化为主体，并辅以适应当时社会需求的少数民族服装特色作为参考的活性发展模式，其自身审美观念与造物思想的提升起到了重要作用。人们审美潜移默化的改变直观地表现在服装上，作为人们审美观念及追求美学的物象化载体，衣裳的风格演变一定反映着穿着者自身审美的发展，相对应的，不同阶段内审美倾向的差异也促进了衣裳

---

[1] [唐]姚汝能．安禄山事迹[M]．上海：上海古籍出版社，1983．

[2] [后晋]刘楽，等．旧唐书[M]．北京：中华书局，1975：522．

形制及装饰的自我调整。唐代衣裙的款式，从初唐到盛唐在美学风貌上有一个从窄小到宽松肥大、从较为保守到相对开放的演变过程。妇女以体态丰腴为美，于是中唐以后，服装渐渐变得宽大，长裙曳地，再配上颜色艳丽的披帛，显得雍容华贵。明代《风俗志·新昌县志》中记浙江新昌县在“成化以前，平民不论贫富，皆遵国制，顶平定巾，衣青直身，穿皮靴，鞋极俭素；后渐侈，士夫峨冠博带，而稍知书为儒童者，亦方巾彩履色衣，富室子弟或僭服之”。亦印证了明代前后期不同社会审美风尚下百姓服饰的转变。

另一方面，古代人们的造物观随着时间积累逐渐完善精炼，由早期缺乏对自身认识的“自然崇拜”思想发展到后期更重视与强调人自身存在及需求的造物理念，逐渐将重心从实用性转移到装饰性及文化的具象化表现，在社会经济条件制约下形成的“节物致用、物尽其用”的造物观点推动人们在制作衣裳过程中不断发掘并显现出创造性的智慧才能。

2. 复杂多变的外界因素

（1）强势政治下的战争与政治因素。传统汉民族衣裳并非是独立存在的，其形成之时就被周边不同少数民族服装环绕，民族间的交流未曾断绝。历史上几次民族大融合都发生在战争混乱、动荡不安的时期，以战国时期与魏晋南北朝时期为例，少数民族入侵中原，频繁的战争作为一个硬性因素促成了汉族衣裳与少数民族服装的融合，为了满足斗争中活动方便的要求，传统汉族开始学习北方游牧民族骑马行动时所穿着服装的形制与设计理念。

同样推动传统汉族衣裳向周边民族交流学习的还有政治的不稳定，少数民族建立政权的几个时期，例如元代与清代时期，各民族之间的人口流动性更强，汉族与少数民族杂居的情况更为常见，统治者强制推行的明令与民间百姓自发的模仿借鉴都反映着民族服装及文化间的融合日益深入的必然发展趋势。顺治帝在北京建都时，南方尚未平定，清政府为了稳住人心，就暂在服制方面维持原状。据《研堂见闻杂录》记载：“我朝初入中国也，衣冠一承汉制，凡中朝之臣（指明朝遗臣），皆束发顶进贤冠（即明代梁冠），为长袖大服，分为满汉二班”。“士在明朝，多方巾大袖，雍容儒雅。至本朝定鼎，乱离之后，士多戴平头小帽，以自晦匿。而功令严敕，方巾为世大禁，士遂无平顶帽者。”明清交际，社会构成近乎彻底转变，在满族统治者的政令推行、百姓构成满汉混居，以及审美与文化思想的影响推动了传统汉族衣裳艺

术风格的改变与融合。《东华录》中也有所记录："顺治元年……谕兵部曰……予曾前因归顺之民，无所分别，故令其剃发，以别顺逆，今闻甚拂民意，……自兹以后，天下臣民，照旧束发、悉从其便。"❶亦可证明社会环境，尤其是相对强势的政治因素，对百姓衣裳形制的演变影响之大。

（2）缓慢渗透下的宗教与文化因素。随着古代社会发展的逐渐成熟与完善，文化交流的扩展与深入成为不可逆的进程，对外来文化的接纳和输出为国家综合实力的提升起到了不可或缺的作用。宗教与文化本身具有多元、多样、多变的特质，不同文化在某些理念上仍存在共通性，是在政治与经济的硬性条件限制下融入了较多主观因素的社会要素。因而在民间传播的过程中，外来文化的个别顺应了当下社会需求或贴合人们期望追求的特性便会被加以强调或夸大，在大众的推动作用下形成一种独立的流行风尚。

相比于战争与政治因素，外来文化与宗教的传入对传统汉族衣裳的影响更为温和，对人们审美产生着潜移默化的改变。唐代政治开明，在思想意识和宗教文化上，也处于较为开放的状态中，儒、释、道融合吸纳形成多元并存的混融态势，从而也激发着服饰审美思想获得极大的创造性，达到中国古代服饰文化的巅峰。印度佛教中代表佛法超俗与圣洁的黄白两色一度成为唐人衣裳的流行色，同时佛教所推崇"'肥白'之躯体为健康之象，瘦弱则是疾病之征兆"的观念也影响到唐代人们对体型美的偏好，坦然展现肉体之美的佛像是对古人受儒家伦理约束产生的极强的身体遮蔽心理的文化冲击，在思想高度自由开放的社会环境中，这种宗教文化的浸染影响尤其表现在盛唐女子的衣裳形制上。

总而言之，汉族衣裳在不同时期社会环境中经历变革，在少数民族衣裳文化与服装风格的包围中经历融合，在不断发展的审美理念渲染中经历创新，因而每一次变动所反映的文化内涵都值得深入地探究，其款式、服制、色彩、纹样的每一次小的变化，都寄托了人们对于更美好生活的期望。汉族民间衣裳的造型艺术百变，而其核心内涵传承千年未改，如今我们通过对遗存的衣裳进行研究试图还原千年前的历史文明，古代汉族人民的造物思想、审美观念以及技术手段都为当今的服装文化研究与设计提供了重要的参考依据。

❶ [清]蒋良骐．东华录[M]．林树惠，傅贵九，校点．北京：中华书局．1980．

第二章 近代汉族民间的上衣

一直以来，上衣在传统衣着习惯中都占据着重要地位，也是造型样式和艺术装饰的主要表现载体。近代复杂的社会环境带动了女性衣裳风格和着装时尚的转化，汉族民间女性上衣在时代的潮流下呈现出多姿多彩的风貌。

第一节　近代汉族民间上衣的分类及基本造型

鸦片战争后，西方列强用武力打开了我国的国门，随之而来的是西方的商人、西方的商品以及生活方式的引入，中国人开始被迫接受西方文化的影响，这阶段中西文化发生碰撞、交流与融合，西方的穿衣方式与审美观念潜移默化地影响着中国人的穿着与习俗。中国人尤其是中国女性的上衣下裳开始从宽大蔽体逐渐朝着紧小塑身的方向发展，服装的选择也开始日益的多元化。《申江时下胜景图说》中也有记载："每日申正后，人人争坐马车，驰骋静安寺道中，或沿浦滩一带。极盛之时，各行车马为之一罄。间有携妓同车，必于四马路来去一二次，以耀人目。男则京式装束，女则各种艳服，甚有效旗人衣饰、西妇衣饰、东洋妇衣饰，招摇过市，以此为荣，陋俗可哂。"[1] 可见当时汉族女装有效法满族的、有效法西洋的、也有效法东洋的，形形色色不一而足。如图2-1为《点石斋画报》上刊载的清末"裙钗大会"的图片，图上女性有穿西式礼服裙的，也有穿中式上袄下裙的，体现出当时衣裳的多元性。

在两千多年的中国封建社会里，女性始终处于附属的地位。中国历代统治者和卫道士通过封建伦理纲常这一文化意识形态的渗透，不断消磨女性的自身价值取向。自1840年后，西方思想进入中国，与此同时清政府自身为挽救封建统治而做出的一系列社会变革也加速了封建社会的瓦解，到了民国初

[1] 谈宝珊．申江时下胜景图说：卷上[M]．上海：宝文书局，1894．

图2-1 《点石斋画报》中“裙钗大会”的图片　　图2-2 民国的摩登女性形象

年女性自我意识觉醒便迅速蔓延开来。“妇女们从传统束缚中解放出来，服装作为意识的载体，此时期的女装也随着思想的变化在造型上也有异于传统造型。”[1] 她们穿摩登衣裳、化时样妆，相互比美，展现中华女性魅力，已成为当时的社会风气之一。从上衣的角度，1840～1949年这一百多年间，汉族民间的上衣风格正是一个从传统向现代的过渡，在这段时间内，我们既可以看到清代传统的袄、褂、衫、马甲等，也可以看到在民国时期象征着自由、摩登的倒大袖，如图2-2。

第二节　近代汉族民间的袄

清朝中期以后，袄成为汉族女性的主要上装，有大袄、中袄和小袄之分，大袄还有单袄、夹袄、棉袄、皮袄之别，其中单袄又称衫，多为夏季穿着。张爱玲在《更衣记》对清朝的袄有这样的记载：从17世纪中叶到19世纪末流

[1] 宋雪，崔荣荣．近代女性倒大袖上衣的衣身造型研究[J]．丝绸，2017，54（1）：70-74．

行着极度宽大的衫裤，有一种四平八稳的沉着气象，领圈很低，有等于无，穿在外面的是“大袄”，在非正式的场合，宽了衣，便露出“中袄”，“中袄”里面有紧窄合身的“小袄”，上床也不脱去，多半是妖媚的桃红或水红，三件袄子之上又加着云肩背心，黑缎宽镶，盘着大云头。❶大袄有大襟和对襟等式样，袄身宽大，衣长仅过躯干，领有圆领、斜领、立领等，这些都是受了旗装的影响。《扬州画舫录》卷九：“女衫以二尺八寸为长，袖广尺二，外护袖以锦绣镶之，冬则用貂狐之类。”❷如图2-3。

大袄内有贴身的小袄，色为红。《红楼梦》七十七回，写晴雯临死时“连揪带脱，在被窝内将贴身穿的一件旧红绫小袄儿脱下，递给宝玉”，说的就是小袄，属于内衣，一般不会外穿。中袄一般穿于大袄和小袄之间，只在袖口有镶滚的阑干，也可在日常非正式场合外穿着。

汉族民间女性通过镶滚绣贴等手法，在领、袖、前襟、下摆等边缘地方施绣镶滚花边，很多在最靠边的一道留阔边，镶一道宽边，紧跟两道窄边，以绣、绘、补花、镂花、缝带、镶珠玉等手法为饰，展现了我国汉族精美的手工装饰技艺。

图2-3　清代着袄的女性

❶ 张爱玲．流言[M]．广州：花城出版社，1997：14-15．
❷ [清]李斗．扬州画舫录插图本[M]．北京：中华书局，2007：130．

如图2-4[1] 为山东地区大襟绣花袄，是汉族民间的常见服装款式，形制为右衽大襟，宽身大袖，立领圆摆，两侧开衩高22.5厘米，并以粉红色缉结固定，衣长为88厘米，前胸宽为68厘米，下摆宽为77厘米，衣袖平展开长度为164厘米，领高为2.5厘米，挽袖宽为19厘米。衣身面料为淡蓝色暗花绸缎；大襟、领与肩部周围、开衩和下摆等处有淡紫色窄细条和机织彩色花边镶嵌，在大襟到侧襟及两侧开衩和下摆处镶有黑色宽边，最宽为10.7厘米；领口和大襟至侧襟处装有四对黑色细襻，已破损；领周、大襟侧和下摆绣花为打籽绣，纹样为“蝶恋花”和“暗八仙”纹样；挽袖上绣花为平绣，纹样为“花开富贵”。整件服装做工精湛，视觉效果强烈。

图2-5是清末山东地区天蓝色缎绣福寿富贵纹女袄，形制亦为右衽大襟，宽身大袖，立领圆摆，两侧开衩；衣身面料为蓝色暗花绸缎；大襟、领与肩部周围、开衩和下摆等处有黑色窄细条镶边，在大襟到两侧开衩处镶有黑色宽大如意云纹形拼贴；肩部、大襟和沿开衩至下摆一周镶有机织彩色花边；领口和大襟至侧襟处装有四对黑色细襻，钉鎏金铜扣；领周、大襟侧和下摆绣花为打籽绣，纹样为“蝶恋花”“暗八仙”、石榴、桃子、蝙蝠，“蝶恋花”喻爱情，“暗八仙”喻吉祥如意，石榴、桃子、蝙蝠喻多子、多福；浅蓝色挽袖上绣花为平绣，纹样为“花开富贵”。

图2-4　清末月白色暗花缎绣花卉纹女袄

图2-5　清末天蓝色缎绣福寿富贵纹女袄

[1] 本书所选用的近代民间衣裳实物皆来自于江南大学民间服饰传习馆馆藏。

图2-6　清末大红色暗花绸镶云肩女袄

图2-6为清末中原地区大红色暗花绸镶云肩女袄，此袄立领、大襟、宽袖、阔摆，领周饰“四合如意”云肩图案，是典型的婚庆上装。传统的云肩种类很多，有如意式、柳叶式、花瓣式、璎珞式等，外形有圆形、方形、菱形、多边形等，所以作为领部装饰的云肩图案种类也很丰富。此衣领饰为最常见的一种，四角如意头寓意“四合如意”，精巧秀丽。领、边、开襟等处彩绣“蝶恋花”“瓜瓞绵绵”、牵牛花、荷花等图案。衣身面料为大红色丝绸；大襟、开衩部位有如意云头装饰，袖口、大襟、云肩边缘部位有机织花边，领口和大襟至侧襟处装有六对黑色细襻。整件服装做工精湛，视觉效果强烈。

19世纪八九十年代，上海等城市开始流行紧小合体款式的女袄，如图2-7为清末民初浙江地区黑色缎绣蝶恋花大襟女袄。形制为右衽大襟，宽身直袖，立领，两侧开衩；衣身面料为黑色丝绸面料；领口和大襟至侧襟处装有五对蓝色一字盘扣，通身采用平绣和打籽绣的手法刺绣了牡丹和蝴蝶组成的“蝶恋花”纹样，喻爱情美满和富贵吉祥。整件服装图案布局均衡自然，刺绣精湛，色彩俏丽。

图2-7　清末民初黑色缎绣蝶恋花大襟女袄

图2-8是清末民初山西地区米白色缎地折枝牡丹纹立领大襟女袄。形制为右衽大襟，收身窄袖，立领直摆，两侧开衩，前后中破缝，衣袖中部有拼接；衣身面料为米白色绸缎，绿色棉布衬里；大襟、领圈、袖口、侧缝、开衩和下摆等处有白色滚边；领口和大襟至侧缝处有五对羊角盘扣固定。整件服装用黑色笔画满了牡丹图案，寓意“花开富贵”。整件服装精致典雅，绘画的装饰手法亦属难得。

图2-8　清末民初米白色缎地折枝牡丹纹大襟女袄

《老上海三十年见闻录》记载当时“海上妇女时装，竞尚紧小，窄袖细腰，伶俐可喜。”[1] 其制式一改中国宽腰大袖传统，有了注重人体美的倾向。这个时期，衣领的变化惹人注意，受西式服装影响而出现高领，甚至高过半个脸颊。

如图2-9是1915年冬洪步余绘制的横扫千军图笔筒，上面的题字为：“横扫千军。时乙卯冬月，客次，洪步余写。”画面中共三人，两名妇女，一名儿童。左边的女性前留“满天星”式刘海，身着高领素色大花朵纹湖绿色长衫，九分窄袖，下着棕色底黑花百褶马面长裙，微露金莲。右手执蒲扇，左手拿阳伞。中间女性身着八分袖高领窄袖碎花蓝色长衫，下配草绿色碎花长裤，同样露出金莲。两名女性的装束皆是当时的流行打扮，可与1914年画家郑曼托采用擦笔水彩画法创作的月份牌《晚妆图》（图2-10）中的女性形象相互印证。

[1] 陈无我. 老上海三十年见闻录[M]. 上海：上海书店出版社，1997.

图2-9　横扫千军图笔筒（1915年）

图2-10　郑曼托作月份牌《晚妆图》（1914年）

“在政治不安定社会骚动的时代，往往会盛行一种便于行动的紧身衣服。17世纪的意大利式短衣，紧小得衣上的长缝须贴在身上缀合。中国衣服在革命鼎沸的时候，就没有再放大。当时的上袄像鞘一样紧贴手臂和身体。”❶ 民国初期的女性服装正是体现了这一特点。

五四运动的爆发，自由主义思想遍及全国，人们在着装观念上也开始解放思想。女性的上衣下裳吸纳了西式服装中的曲线之美，逐渐形成曲线弧度造型。上衣与下裳都开始逐渐缩短，上衣有了更加明显的腰身，衣摆也逐渐由直摆变为圆摆；裙子由围裹式的百褶马面裙逐渐向A字筒裙发展；裤子也由小脚裤发展为宽大的九分、七分甚至是五分裤。可以说，此时女性的曲线美已经开始显现。

如图2-11是民国山西地区蓝色缎绣菊花纹女棉袄，形制为右衽大襟，收身窄袖，立领圆摆，前后中破缝，衣袖袖口部位有拼接；衣身面料为蓝色丝绸；内衬米黄色衬里，面料和衬里之间有加絮料，起到保暖御寒的作用。领圈有窄细条镶滚，四对一字盘扣，前胸、上臂和衣领部位采用平绣手法刺绣了菊花和其他花卉纹样进行搭配，通过茎叶使它们成为一个整体，在素雅中透出一股暖意，使整件衣服看起来精细别致。

如图2-12为民国江南地区蓝色锦缎几何花卉纹立领窄袖收腰圆摆大襟花袄，

---

❶ 张宝权．中国女子服饰的演变[J]．新东方，1943（5）：55-90．

形制为右衽大襟，宽身窄袖，立领圆摆，两侧收腰开衩；衣身为蓝色织锦面料；大襟、领、袖、下摆、开衩等处有黑色窄细条滚边，前后中有破缝拼接，衣袖有两处拼接；领口和大襟至侧襟处装有暗扣，是当时江南地区的典型小袄。

图2-11　民国蓝色缎绣菊花纹女棉袄

图2-12　民国蓝色锦缎几何花卉纹大襟女袄

如图2-13是1920年春潘肇唐绘制的芳晖献瑞图大掸瓶，背后题“恍如天上飞琼侣，疑是蟾宫谪降仙。步曳翠翘金凤舞，傲然风拂一朵花”一诗。正面椭圆开光中为两位女性，一位手执鲜花，穿着紫色镶明黄色边圆摆小衫，左右开衩，袖口收紧，袖长八分，有明显的腰身，下配黑色绣花大摆筒裙，内穿绿色丝袜，脚着红色天足鞋。另一位手拿花篮挎于肩上，上身穿橙黄色镶绿色花边圆摆小衫，同样左右开衩，袖口收紧，袖长八分，有明显的腰身，下配玫红色碎花镶绿边九分裤，内穿明黄色丝袜，脚着紫色天足鞋。两个女子正值妙龄，穿着摩登、妆容大方，谈天欢笑，迎风漫步之姿跃然瓶上，果真是“疑是蟾宫谪降仙”。

图2-13　芳晖献瑞图大掸瓶（1920年）

第三节　近代汉族民间的褂

褂，是清代男女的主要上装之一，通常是正式场合穿着的一种礼服，有对襟、大襟、琵琶襟等多种形式。最初仅在满族内流行，而后扩展到全国。《清稗类钞·服饰》中解释："褂，外衣也。礼服之加于袍外者，谓之外褂。男女皆同此名称，惟制式不同。"作为外用，有单、夹、棉几种，穿在袍服之外；贴身穿着的为"小褂"，为家常便服，是一个半身小罩褂，穿时袖口白里子翻出。褂并不是清初就开始流行的，"在清初的时候，只有营兵穿马褂。到了康熙之末，富家子弟渐渐也有穿此的，到了雍正时代服之者渐众，以后便无人不服了。"❶ 同时，褂也逐渐由实用型向装饰型转化，面料日趋奢华，纹饰也日益繁复。最初由男子穿着，而后女装受其影响便也有了女褂。

民国时期，马褂配长袍成为男子的礼服。民国《服制条例》中规定，"褂，齐领对襟，长至腹，袖长至手脉，左右及后下端开衩，质用丝麻棉毛织品，色黑，纽扣五。"

如图2-14为山西地区棕色绸琵琶襟男褂，形制为琵琶襟，圆领，连袖，前后中破缝，两侧开衩，衣袖中部有拼接。五对一字盘扣，钉鎏金铜扣；通身采用棕色丝绸面料，袖口和缺襟边缘部位有蓝色滚边和彩色机织花边装饰，是近代早期的男褂形态。

如图2-15为深褐色暗花缎对襟马褂，此件马褂形制为立领对襟，直身窄袖，衣长及腰，以深褐色暗纹绸缎为面料，暗纹为蝴蝶和牡丹组成的"蝶恋花"和以牡丹花卉和寿字组合而成的"长寿富贵"，内衬橙色条纹衬里，对襟处有六对一字细襻，其中领口部位有两粒扣襻，是民国时期的男褂形态。

近代男女之褂差异较大，但都有长短之分，职官外褂过膝，胸背缀有补子；民间男子之褂通常为短褂，又称为"马褂"，而女子之褂则常为及膝长褂，通常统称为"女褂"，亦有及腰者，相对少见。

---

❶ 包天笑．六十年来妆服志[J]．杂志，1945（3）.

图2-14 棕色绸琵琶襟男褂

图2-15 深褐色暗花缎对襟马褂

近代女褂为圆领、直身、平袖，多为两开衩。衣身肥大，款式有对襟、大襟和琵琶襟三种，袖口有挽袖、舒袖两类。衣身有长短肥瘦的流行变化，但基本上都较马褂宽大，可以遮住女性身体起伏的轮廓，是清中期以后流行的一种外衣，周身加边饰、刺绣等装饰，晚清时装饰越来越多，颜色也更加丰富，尤重细节以及色彩、纹样的相互搭配，极尽装饰之能事，常常有“女子夸富比衣俏”之比。是官民常用的礼服形式，婚礼服亦常用褂。

如图2-16为清代石青色缎绣凤戏牡丹纹对襟女褂，以石青色丝绸面料为面，圆领对襟，直身宽袖，衣身左右开衩，领口、衣身下边有缘边装饰，袖口有米白色挽袖。领口以纽扣系合，衣身以石青色缎带系合。融合多种刺绣手法，装饰各色花卉、宗教器物、凤凰、彩蝶、南瓜等纹样。前胸、后背主图为凤戏牡丹喜相逢团纹，是清代女褂中的一件精品。

图2-16 清石青色缎绣凤戏牡丹纹对襟女褂

如图2-17为黑色绸缎绣圆领对襟女褂，褂身形制为圆领对襟，直身宽袖，下摆左右低开衩，领袖口及下摆有缘边装饰，袖口拼接有福禄寿主题纹样的白色绣片，领口、衣襟、衣摆处以浅色绣片和织带装饰，二滚四镶，饰边宽度约为15厘米。女褂衣身为黑色纯色绸料，通身未见暗花或刺绣装饰，其简洁质朴的纯色大身与层叠复杂的衣缘相结合提升了服装的内在境界，繁简间的对比展现了“蝉噪林逾静，鸟鸣山更幽”的境界，为服装带来了灵动与灵气。最为精致的部位为女褂的左右开衩部位，该处饰有几何变形的如意纹样镶边，将原本圆滑顺畅的曲线以硬朗的直线折角所代替，为原本作为传统吉祥符号的如意纹样输入了时尚的气息。由此可见，在清末民初动荡的社会背景下，不止服装的形制发生了改变，传统装饰纹样也在一定程度上受到了西方审美的影响。

图2-17　黑色绸缎绣圆领对襟女褂

如图2-18为清末石青色三蓝绣琵琶襟女褂，衣长及臀，较为修身。褂身为石青色丝绸面料，通身刺绣三蓝绣蝶恋花纹样，牡丹花与蝴蝶以缠枝藤蔓形式勾连，装饰繁复，色彩雅致。

如图2-19为清末大红色缎绣团纹对襟女褂，立领、对襟、宽袖、阔摆。通身为大红色丝绸面料，领周饰“圆领”镶边，精巧秀丽。领、下摆、开襟等处白色镶边上彩绣菊花图案。在女褂的前后各有三个仕女戏蝶团纹，下面两个团纹为镜像分布在衣身的左右衣片上。此外，红色的丝绸底料上均匀散落各式刺绣花卉。女褂袖口阑干为宽窄相接的两段式拼接，衣领与衣襟、衣

图2-18　清末石青色三蓝绣琵琶襟女褂

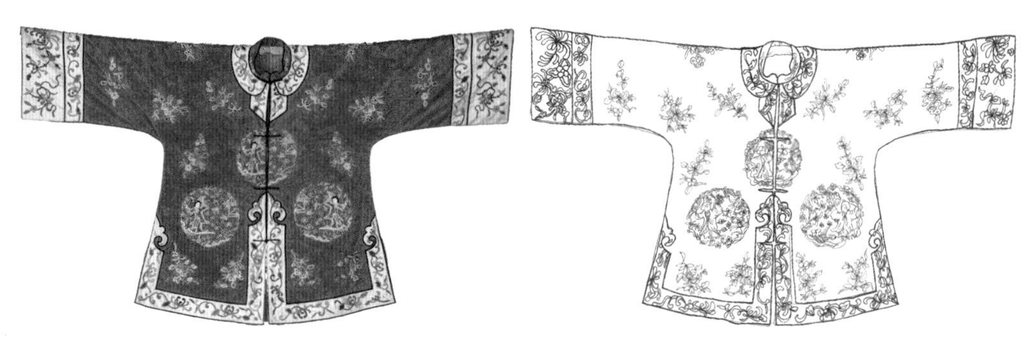

图2-19　清末大红色缎绣团纹对襟女褂

摆部位为一层镶边。女褂整体色彩艳丽、形象华美；对襟、开衩部位有如意云头装饰，寓意四合如意。对襟处装有四对黑色细襻。此褂的扣襻、边饰及开衩处均有黑色细边点缀，它使整件衣服的轮廓更加清晰，视觉效果强烈。本件女褂作为一件婚礼服，白色与红色的结合顺应了中西合璧的时代潮流，而工整对称的布局、充满了吉祥寓意的精致刺绣与如意纹样无不彰显了那个时代女性精巧的手工与聪慧的内在。

如图2-20为清末藏青色暗花绸缠枝牡丹纹女褂，形制为圆领对襟，宽身直袖，圆摆，左右低开衩，后中破缝，领口及下摆有缘边装饰，挽袖部分遗失。衣身面料为藏青色缠枝花卉蝴蝶暗纹绸；衣襟、衣摆处有黑白色宽条状饰边和彩色窄条机织花边，挽袖缺失，衣襟处五对细襻，钉鎏金铜扣，是当时中老年女性的典型上衣。

图2-20　清末藏青色暗花绸缠枝牡丹纹女褂

第四节　近代汉族民间的马甲

马甲，也叫背心、坎肩，指的是不紧身的无袖上衣。从其传承以及演变来看，马甲的形制变化从秦汉时期的“裲裆”、南北朝时期的“裲裆铠”、唐朝时的“半臂”、宋元时期的“褡护”发展到明朝的“罩甲”“比甲”以及清朝的“马甲”。清朝是马甲发展最为繁盛的时期，此时的马甲名目繁盛，形式多样，这是前所未有的，最大的特点是其门襟的变化。常见的有一字襟、大襟、对襟、琵琶襟等诸式，并有棉、夹、单、皮四种供不同季节选择。马甲面料有绸、纱、缎、皮、棉等，多为立领，一般穿在袍的外面，作为外衣穿用，因此造型也相对窄小合体。

清朝满族最流行的为“一字襟”马甲，又称“巴图鲁坎肩”(巴鲁图是满语，即勇士)。这种马甲，四周镶边，于正胸横排一排纽扣，共13粒，因此又叫“十三太保”。据说最早穿着这种背心者为清代的武士，这种马甲的特点是脱卸方便，虽然穿在袍褂之内，但骑马时若觉身热，则可从外衣领襟处探手解纽而除之，无需下马脱去外衣。因为穿着便利，“一字襟”马甲很快在民间流行，不分男女均可着之并把它直接穿在衣服外面，民国初年仍见穿着。徐珂《清稗类钞·服饰》:“京师盛行巴图鲁坎肩儿，各部司员见堂官，往往服之；上加缨帽，南方呼为一字襟马甲，例须用皮者，衬于袍套之中，觉暖，即自探手，解上排纽扣，而令仆代解两旁纽扣，曳之而出，藉免更换之劳，后且单夹棉纱一律风行矣。”[1]

而普通汉族百姓的马甲则以大襟、对襟、琵琶襟最为多见，如图2-21为深褐色琵琶襟男马甲，此马甲出自山西地区，圆领、琵琶襟，有一字扣五颗。开襟处有黑白二色滚边。面料为深褐色绸缎，里层为浅蓝色棉布，是汉族男性的典型马甲形态。

此外，还有一种“夏马甲”，为男子常服，大多只在室内穿着，形制为对襟，较普通的马甲长。夏马甲的材料大都是麻织物的夏布，也有丝织物的和竹编的，便于洗涤。“从前男子夏日燕居，颇多裸其上体，穿了一个夏马甲，也只能算半裸了。”[2] 如图2-22即为民国时期江南地区竹衣男马甲，为圆领无袖对襟竹衣马甲，在领底围处用与衣身滚边同料材质的盘扣固定，门襟余处以两条系带闭合。这是一种隔汗、降温，祛暑的功能性服装。

图2-21　深褐色琵琶襟男马甲

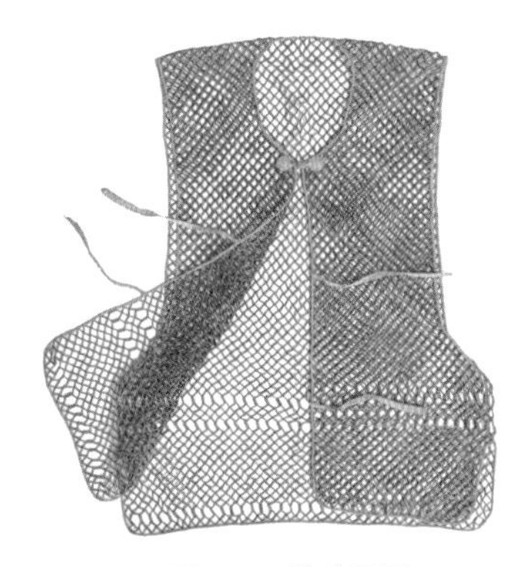

图2-22　竹衣马甲

近代的童马甲也非常有特点，形制基本上和成人的相同，只是规格上小很多，并且在装饰主题上以护生为主，以老虎纹、五毒纹为最多。一般为立领或是无领，门襟有琵琶襟、一字襟、对襟、大襟、斜襟。小孩子穿上它行动便捷，且起到保暖的作用。图2-23为贴布绣虎纹童马甲。贴布绣是在一块底布上通过剪样、拼贴成各种图案，然后再用针线沿着图案纹样的边锁绣，是具有浅浮雕效果的民间实用品，亦称“补花”。此马甲出自陕西地区，为对襟、圆领，有一字扣五颗，领口、袖口及缘边有繁复的镶嵌滚边装饰。背后贴布绣中，中间部分是老虎纹样，旁边及下方分别分布为石榴、桃子纹样以

[1] 徐珂．清稗类钞[M]．北京：商务印书馆，1917．

[2] 包天笑．六十年来妆服志[J]．杂志，1945（3）．

图2-23　贴布绣虎纹童马甲

及佛手柑纹样，是象征“多子、多福、多寿”的三多纹样。在民间童装中贴布绣运用极其普遍，因为小孩子生性调皮、好动，常常衣服上会破一个小洞，此时用五颜六色的布剪成可爱的动物形象，缝补到小洞上面，将贴布和刺绣完美结合，这样的补丁不仅具有实用功能，同时还具有极强的装饰美观性，既节省又富有童趣。

女式马甲，其样式与男子马甲相近，有一字襟、琵琶襟、对襟等种类，多穿在外面。《红楼梦》第九十一回：“（宝蟾）掩着怀，穿了件片金边琵琶襟小紧身，上面系一条松花绿半新的汗巾。”说的就是琵琶襟马甲。女子马甲的工艺同男子马甲一样有织花、缂丝、刺绣等。然而，女式马甲花纹则更加繁复和美观，多为满地绣花，纹样有戏曲人物、动植物、吉祥文字等，内容都寓有吉祥含意。如图2-24是粉色缎绣花卉纹琵琶襟女马甲，领缘、襟缘、袖缘都装饰有浅青色花卉纹刺绣装饰，色调协调，绣工精致。图2-25为粉色暗花缎黑边一字襟马甲，此马甲出自陕西地区，圆领，一字襟，有一字扣四颗，中间部位面料为粉色绸缎，边缘部分为黑色棉布拼接，配色和谐自然。

图 2-24　粉色缎绣花卉纹琵琶襟女马甲

图2-25　清末粉色暗花缎一字襟马甲

如图2-26为清末陕西地区蓝地缎绣福寿三多纹琵琶襟马甲，来自晚清时期的河北地区，无领，琵琶襟，有一字扣五颗，领口、袖口及下摆有很宽的缘边装饰。这件马甲整体表现为经典正统、整齐统一的形制特点，简洁大方，采用我国传统的二维平面式剪裁与曲线裁剪相结合，其涉及的工艺手法主要有镶、嵌、滚边。马甲的纹样布局为满地布局，整体纹样风格可谓花团锦簇，具有浓厚的满族风格。根据马甲的结构将纹样也分成两个部分，第一部分是马甲蓝色中心部分的纹样，主要是三多纹。第二部分是马甲的黑色缘饰部分的纹样，也就是马甲的领边、襟边、袖笼边和下摆边，主要是由兰花、菊花、梅花和蝴蝶纹样组成。

图2-26　蓝地缎绣福寿三多纹琵琶襟马甲

民国时期女性马甲经常搭配倒大袖穿着，下配长裙，成为当时的流行时尚，如图2-27是当时月份牌中的女性形象，内穿倒大袖小袄，外着镶边刺绣马甲，下配花卉纹筒裙，是当时年轻女性的典型装饰。又如图2-28南阳兄弟烟草有限公司广告上的两个女性形象，左边的女性身着淡绿色倒大袖小袄，外搭米色地黑色花纹马甲，右边女性内着粉色倒大袖小袄，外搭长款马甲，是马甲与旗袍融合的产物。可见，马甲这种传统衣裳经过与新式时装的搭配，在民国时期也成为广受欢迎的时尚单品。

图2-27　民国月份牌上的女性形象

图 2-28　民国香烟广告上的女性形象

第五节　近代汉族民间的倒大袖

五四运动后，知识分子群体呼吁在服装上返璞归真，追求服装朴素、淡雅、清纯之风，同时受日本学生装的影响，服装开始变得简化而适体。“年轻女学生和思想进步女士穿袄裙时不施花纹，不戴簪钗、手镯、耳环、戒指等饰物。”[1]因为此装束被当时社会视为接受新文明、新知识的象征，谓之“文明新装”。这种衣裳风格由学生群体流行至全社会女性，“上衣多为腰身窄小的大襟袄，摆长不过臀，袖短露肘或露腕呈喇叭状，袖口一般为七寸，称之为倒大袖。”[2] 随着新思想的传播，“倒大袖”上衣成为20世纪20年代最为盛行的一种女性服装款式。在《时尚百年》中对“倒大袖”上衣造型和其搭配

---

❶ 华梅．中国服装史[M]．天津人民美术出版社，1989：125．

❷ 黄强．中国服饰画史[M]．天津：百花文艺出版社．2007：179．

是这样描写的："上衣为大襟紧身短袄，衣摆呈圆弧形，后来也有较多是平摆的，摆长不盖住臀，衣袖长至肘，袖口一般为七寸，为喇叭形，也称倒大袖。裙为黑色，裙摆较大，为穿套式，长至足踝。"❶ 其窄小的衣身和喇叭形衣袖构成了独特的服装造型，有着明显的时代特征和审美价值。民国时期女性服装以"倒大袖"上衣为代表之一，而袖口大于袖窿的衣袖是该女装的标志性符号。

纵观中国古代传统衣裳"宽衣博袖"的廓型特性，其中也存在不少袖窿比袖口大的服装形制，如《晏子春秋·杂下九》所记载的："晏子对曰：'齐之临淄三百闾，张袂成阴，挥汗成雨，比肩继踵而在，何为无人？'"❷这里所说的"张袂成阴"即指衣袖宽博，张开后能遮住天日。再如《金瓶梅词话》中描绘的"西门庆从袖口取出一条白绫汗巾，里头包着一个小盒"，这些都证明了传统衣袖袖口的宽大。民国时期西方文化交融进来，西方追求服装适体，通常多见的衣袖都是袖窿大于袖口的样式，在西风东渐的浪潮中，人们也逐渐习惯于袖窿大于袖口的衣服形态。到了20世纪20年代又流行起袖口大于袖窿的衣袖样式，这种样式虽类似于中国传统衣袖样式，但却有别于西方，于是便称之其为"倒大袖"。这种衣袖在当时多被称为"喇叭袖"，到后世才逐渐有了"倒大袖"的说法。

倒大袖衣袖是构成服装造型的重要组成部件，"袖，由也。手所由出入也。"❸ 所指的就是服装中遮盖手臂的部分，它包裹着身体上最为灵活的肢体，所以手臂的任何动作都会牵引衣袖袖口的挥舞。民国时期的袖型多样，主要表现在衣袖长短、袖口与袖窿的宽度变化上。近代女上衣以20世纪20年代盛行的"倒大袖"圆下摆衫袄最具审美价值，且特征明显。❹"倒大袖"是整件上衣中最具代表性的局部特征，1912 年 7 月的《纳凉闲谈》中描述："时下女子新装，领高四五寸，用荷叶边镶成喇叭口式，袖短仅及半臂，亦用荷叶边镶成喇叭口式，其他衫之周围，裙之底下皆用荷叶边镶成喇叭口式，吾不解女子身上何用如许喇叭口之多也。"❺ 这里所说的喇叭口也就是现在所说的

---

❶ 薛雁．时尚百年[M]．杭州：中国美术学院出版社，2004．64．

❷ 晏婴．晏子春秋·杂下九[M]．孙星衍，等校．北京：商务印书馆，1937．

❸ 缪良云．中国衣经[M]．上海：上海文化出版社，2000：303-304．

❹ 包铭新．近代中国女装实录[M]．上海：东华大学出版社，2004：6．

❺ 纳凉闲谈[N]．申报，1912-7-29．

"倒大袖"。小说《更衣记》中描述"倒大袖"为:"时装上也显现出空前的天真,轻快,愉悦。喇叭管袖子飘飘欲仙,露出一大截玉腕。"❶"倒大袖"袖口大于袖窿,袖子长至手肘与手腕之间,衣袖腋下较为合体,并逐渐向袖口处放宽,整体衣袖造型呈喇叭状,其衣袖造型为女性增添了几分妩媚与柔美。

如图2-29是一张20世纪20年代的家族合照,"倒大袖"是当时女装的标志性细节,从图片中女性的着装可以看出当时女性的穿搭涵盖了上衣下裙、上衣下裤和旗袍样式。

图2-29　民国传世照片

传统女装造型肥大且宽松,林语堂曾说:"中国服装哲学上之不同,在于西装意在表现人身体型,而中装意在遮盖身体。"这无疑道出了中国服装造型平直宽松的缘由。直到清末,女装的衣身廓型多为宽肥且直身的方形或长方形。到了20世纪20年代,倒大袖上衣虽继续采用了平面的直线裁剪方式,但衣身相对由阔变窄,由长变短,"似参以西洋女服之样式,衣短只二尺二三,身矮者尚不需此,袖口又大,在七寸之间,过身仍以腰为度"❷,衣身裁去了宽大多余的部分,在传统的裁剪方法下衣身稍有收腰,形成了外扩的扩身弧

❶ 张爱玲. 更衣记[M]. 昆明:云南人民出版社,2006:12.

❷ 周锡保. 中国古代服饰史[M]. 北京:中央戏剧出版社,1984:538.

摆、直身弧摆等样式。如图2-30是周锡保编著的《中国古代服饰史》中，展示的20世纪20年代中国衣裳的款式造型变化过程。从视觉上看，衣身长度在逐渐缩短且衣身面积也明显变小，上衣更贴近人体。

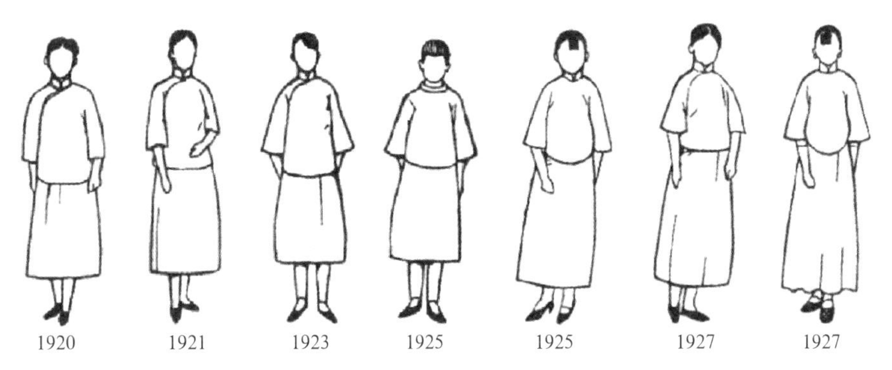

图2-30　20年代中国服饰的款式造型变化

图2-31是仕女携童图帽筒，右上侧题：“美人如玉。乙丑春洪步余书于西轩”，帽筒画面左右对称，正中绘执扇女子，上身着墨绿色黑花倒大袖上衣，立领大襟，收腰圆摆，领口、袖口及下摆有细缘边装饰，下着灰色及膝A字筒裙，式样呈不对称式，侧打褶绣团花，脚穿黑色天足鞋。另一女子执绢帕掩口，身穿紫色立领斜襟马甲，两侧开衩，内露胭脂色薄衫，也是倒大袖，袖长七分，下着蓝绿底色黑色条纹宽管过膝中裤，脚穿黑色天足鞋。皆是当时的居家打扮。

图2-31　仕女携童图帽筒（1925年，洪步余）

如图2-32为民国黑色绣八团海水江崖纹倒大袖女褂，是倒大袖的初期形态，以黑色绸缎为底，立领对襟，宽袖圆弧摆，衣身左右低开衩，领口、袖口及下摆缘边饰有海水江崖纹装饰。衣身上绣八团牡丹纹样，边饰海水、菊花等纹样，充满富贵之气，是婚礼等重大礼仪场合的服饰品。

图2-32　民国黑色绣八团海水江崖纹倒大袖女褂

如图2-33为暗紫色团花纹对襟倒大袖女褂，形制为立领、对襟，袖身宽大，后中破缝，两侧开衩，收腰，摆长及臀，下摆呈圆弧形，衣袖呈微喇叭形。袖口、领口、领圈、门襟和底摆、开衩处有黑色两道拼接镶边装饰，并且开衩止口上方有如意云头装饰。领口处有一枚盘扣，门襟中部一枚盘扣上缀有垂穗。通身采用暗紫色团花纹丝绸面料，内有白色丝绸衬里，极具端庄富贵之态。

图2-33　民国暗紫色团花纹对襟倒大袖女褂

如图2-34为民国时期黄绿色锦花卉纹倒大袖裘皮袄，大襟立领，直袖，衣长及腰，内衬裘皮，从其制作方式来看，形制延续了传统袄的造型，裘皮是缝制在服装里面做衬用的，外观上很难看出是裘皮服装，可见人们穿着裘皮服装的基本初衷是为了保暖和御寒。通身红白色调花卉织锦纹样装饰。七粒盘扣，袖口领口、领围衣襟、衣摆有黑色细滚边装饰，属于倒大袖的早期形态。

图2-34　民国黄绿色锦花卉纹倒大袖裘皮袄

如图2-35米白色绣花卉纹倒大袖袄，形制为右衽大襟，立领，腰身窄小，摆长不过臀，腰臀呈曲线，袖短露腕呈喇叭形。袖口、领口、领圈、大襟和底摆、开衩处有浅色滚边。四颗一字盘扣，通身采用米白色丝绸面料制成，上用浅色丝线和平绣手法刺绣了花卉纹样，色彩搭配雅致，内衬棉布衬。

图2-35　民国米白色绣花卉纹倒大袖袄

如图2-36为民国江南地区浅黄色缎绣牡丹纹倒大袖裘皮袄，本件倒大袖内衬裘皮，形制为右衽大襟，立领，两侧开衩，腰身窄小，摆长不过臀，腰臀呈曲线，袖短露腕呈喇叭形。领口和大襟至侧襟处装有五对褐色细襻，袖口、领口、领围、衣襟、侧缝、开衩、衣摆有黄色系花边装饰。通身为浅黄色丝绸面料，在前胸、衣袖上方采用平绣和打籽绣的手法，以彩色绣线刺绣了牡丹纹样，寓意富贵美满。

图2-36　民国浅黄色缎绣牡丹纹倒大袖裘皮袄

1925年以后的倒大袖虽然依然保持着喇叭形的袖口，但是衣身更加短小紧窄，下摆的圆弧形更加明显，也改用了新式衣料，不施纹绣。如图2-37民国山西地区橘黄色绸倒大袖袄，形制为右衽大襟，立领，连袖，两侧开衩，腰身窄小，摆长不过臀，腰臀呈曲线，袖短露腕呈喇叭形。五粒一字盘扣，通身采用橘黄色暗纹绸缎面料，边缘部位有黑色机织花边装饰。简单素雅，是20世纪20年代晚期倒大袖造型。

图2-37　民国橘黄色绸倒大袖袄

如图2-38为民国白色纱花卉纹倒大袖衫，形制为右衽大襟，立领，连袖，两侧开衩，腰身窄小，摆长不过臀并呈曲线，袖短露腕呈喇叭形。五粒一字盘扣，通身采用白色透明纱质花卉纹提花面料，边缘部位有白色蓝花机织花边装饰。简单素雅，衣身面料则刺绣花卉纹样，与缘边的纹样相辅相成，服装显得轻盈、飘逸。需内搭背心穿着，是民国倒大袖的一件精品。

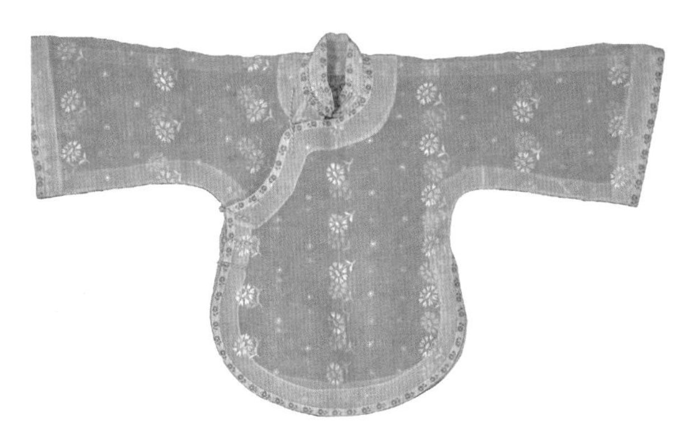

图2-38　民国白色纱花卉纹倒大袖衫

随着西方的纺织面料进入中国人的视野，化纤面料既耐磨又美观的特性深受大众所喜爱。江南大学民间服饰传习馆中就有采用化纤面料的倒大袖上衣实物，相较于棉麻丝这些天然纤维织物来说，面料更为硬挺，耐磨性好。如图2-39所示的这件化纤面料的倒大袖上衣采用的是机织图案面料，通过机器将图案织出来，省去了妇女纺纱织布时间，而且织出来的图案美观又时尚，给人耳目一新的感觉。这件衣服是在满花图案为装饰的面料上，在袖口、衣襟及底摆处烫上珠钻，新颖且华丽。

图2-39　民国橙粉色化纤花卉纹倒大袖袄

第三章 近代汉族民间的下裳

近代是中国衣裳继承与创新的过渡阶段，近代汉族民间的下裳变化急剧且富有革新性，新旧的融合使该时期裙装与裤装呈现出一番新风尚。

第一节　近代汉族民间下裳的分类与基本造型

相对于上装繁复的分类，中国传统女性下装的分类则简单得多，大体上和现代相似，可以概括分为两类：裙装和裤装。为了遮掩女性的身体曲线，清代女性的传统上装衣身宽大，长度至臀膝之间，这也在一定程度上将一部分下装遮掩在上装之内。因此，女性下装的腰节部分通常较为简洁，而在裙、裤的下半部分则精心装饰有各色图案纹样，形成鲜明对比，这是清末民初女性下裳的一大特色。而至"五四运动"之后，下裳则愈发简洁。

裙是世界范围内最常用的下装之一，当然也是中国古代妇女穿着最多的下装。裙在《辞海》中的解释为："一种围在下身的服装。"由远古的遮羞蔽体的草裙演变而来，至公元前1000年左右，布、帛等制裙面料逐渐流行起来。东汉著名训诂学家刘熹在《释名·释衣服》中曾对下裙有过形象的注解："裙，下群也，连接裾幅也。"由于中国古代的布料门幅相较于今天要窄很多，通常需要好几幅布料拼接起来才够做一条裙子，所以古代"裙"也称作"群"。中国古代裙子式样的传播规律一般是自宫廷流行开来，随后流传至民间，因此研究一种裙式的起源，其宫廷样式最具代表性。襦裙的裙一般长度在膝盖以下，接近脚踝或拖地。裙腰位置也不断在变化，有裙腰位于中腰位置的齐腰襦裙；有裙腰拉至腋下的高腰襦裙；还有盛行于隋唐时期裙腰掩胸的齐胸襦裙。按裙幅大小可分为窄裙和宽裙。裙子的颜色通常比上衣深，古代以红、绿两色居多，裙式更是不胜枚举。

至近代，裙仍为汉族妇女常见的下装，包天笑《衣食住行的百年变迁》

中称："在十九世纪之末，我们家乡一带的风气（说是在江浙两省），无论是一位老太太，一位少奶奶，一天到晚，即使在家居，也要整整齐齐把裙子穿在身上的。如果有一个男人到他们家里，而见到这位主妇只穿裤子，没穿裙子，那是大不敬。"可见，即使在清末，裙子也是重要的礼仪服装，同时穿裙也是端庄、富贵的象征。《中国女子服饰的演变》中载："（裙的）颜色普通作黑色，遇到节日妻子穿大红色，妾穿粉红色。寡妇是禁用大红色。但经过相当年份后，如果公婆在世的话，可以穿淡紫色或浅蓝色。"可见，裙的颜色以红为贵，而以黑色最为常见。

清中期以前，汉族男女的裤主要作为内衣穿着，至光绪年间（1875～1908年），在女性中裤广为流行，而着裙者见少。❶ 可以说汉族女性经过了数千年上袄下裙的衣裳风格，女裤才终于在清末以一种重要的外衣形式出现。清代的裤分有裆的合裆裤和无裆的套裤两种。其形制已远远超越其本身的实用价值，而逐渐凝聚成了一种精神文化，其款式、结构和缝制工艺彰显出汉族女性独特的女红技艺和工艺智慧。

第二节　近代汉族民间的马面裙

马面裙是近代主要女裙款式之一，通常由腰头（一截或两截）、两联裙幅组成，需加在长裤和套裤之外穿着，既可作礼服亦可作常服。包铭新《近代女装实录》载："中国古代主要裙式之一，最典型的马面裙流行于清代。前后里外共有四个裙门，两两重合，外裙门有装饰，内裙门较少或无装饰。侧面打褶，裙腰多用白色布，取白头偕老之意，以绳或纽固结。"❷

马面裙是清代、民初女性最基本的裙装，是在传统"围裙"的基础上，加上裙门、褶裥、阑干、刺绣等结构工艺及装饰变化而成，并在近代发展完善和成熟。裙子两侧是褶裥，前后中间有一部分是20～27厘米的平幅裙门，

❶ 冯泽民，刘海清．中西服装发展史[M]．北京：中国纺织出版社，2008．

❷ 包铭新．近代女装实录[M]．上海：东华大学出版社，2004．

俗称“马面”。❶ 马面由两片重叠组合形成，外裙门多作装饰，而内裙门作较少的装饰甚至不作装饰，而装饰方法多为刺绣或镶、拼贴等工艺，还有修饰女性体型，突出人体重心的作用，见图3-1、图3-2。

在清代的时候，马面裙的色彩一改以往清淡、典雅的风格，追求起了华丽富贵，裙子的颜色变得丰富，衍生出了月华裙，这时的马面裙更多注重的是裙面和裙边，每一个褶裥或者阑干上都会绣上精致的花样，裙门上的装饰更加多样，除了刺绣外，还会装饰流苏、镶滚。

马面裙的样式很多，根据裙幅大小、褶裥的大小数量变化，分为阑干马面裙、褶裥马面裙、鱼鳞百褶马面裙，以及颜色较为特别的月华裙。

到了清代，人们开始逐渐注重裙子的阑干边和绦子边，原先矩形的制作面料也演变成了梯形、三角形面料拼接缝制，从而形成上小下大的结构，甚至可以不需要褶裥，而是在面料的拼缝上运用阑干装饰，以形成立体效果，这也是阑干裙的来源。

阑干马面裙的装饰方法比较独特，是用数条或数十条深色的细缎带镶滚分隔两侧的裙幅，将其分割成平均、有序的几个部分，穿着起来裙身两侧的褶裥形成自然对称的形态，由此体现出庄重、沉稳、严谨的效果。再按照褶裥上阑干间的距离比对，还可以将阑干裙再次分为“等距型阑干”和“非等距型阑干”。

图3-1　清末穿着马面裙的女性形象

图3-2　民国初年穿着马面裙的女性形象

❶ 王懿，张竞琼．近代马面裙形制类型与演变的实例分析[J]．纺织学报，2014，35（4）：110-115.

如图3-3为清末藏青色暗花绸山水纹阑干马面裙，即是非等距型阑干马面裙，中间一对阑干的区域与两侧阑干内的区域不等。此裙腰头为棉质，裙身由藏青色丝绸锦缎面料制成。前后马面及阑干之间是山水婷婷织金提花装饰。纹样主题及表现形式在近代马面裙中属罕见，整体风格简洁雅致、沉稳大方。

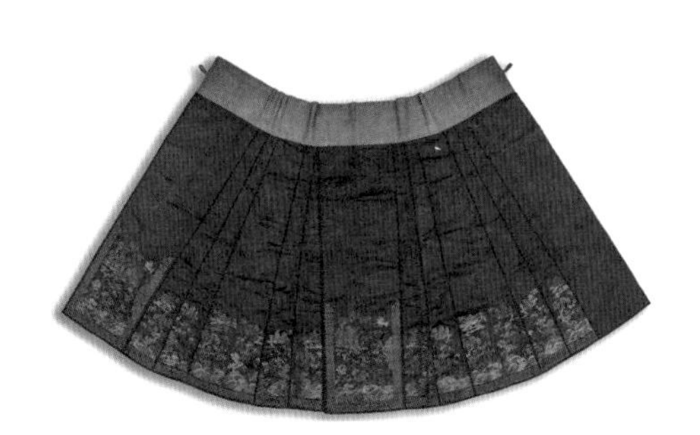

图3-3 清末藏青色暗花绸山水纹阑干马面裙

如图3-4为清末黑色锦缠枝宝相花纹阑干马面裙，两侧阑干等距。此裙以黑色丝绸面料和黄绿色缠枝宝相花宋锦面料拼接而成，用色丰富，花纹灵动、典雅。此裙阑干及马面的边缘和裙下摆有黑色镶边和蓝色贴边，上方腰头使用米白色棉布拼接，象征“白头偕老”，因此米白色的裙腰非常常见。

如图3-5为清末石青色三蓝绣蝶恋花纹阑干马面裙，此裙以石青色丝绸面料为地，两侧有牡丹、桃花、蝴蝶刺绣图案和阑干，中间马面处有牡丹、蝴蝶、盘长等纹样的三蓝绣刺绣图案，工艺手法包括平针绣、打籽绣、盘金绣等，马面的边缘和裙下摆有黑色镶边和白色丝绦贴边，上方腰头使用米白色棉布拼接。

图3-4 清末黑色锦缠枝宝相花纹阑干马面裙

图3-5 清末石青色三蓝绣蝶恋花纹阑干马面裙

如图3-6是清末橙红色绸三蓝绣蝶恋花阑干马面裙，以橙红色绸为地，两侧有牡丹、蝴蝶刺绣图案和阑干，中间马面处有牡丹、蝴蝶刺绣图案，马面的边缘和裙下摆有黑色镶边和淡蓝色贴边，上方腰头使用灰蓝色棉布拼接。

图3-6　清末橙红色绸三蓝绣蝶恋花阑干马面裙

如图3-7是清末大红绸花卉杂宝纹阑干马面裙，以红色丝绸为地，上方使用粉红色棉布拼接，两边的裙幅上以黑色绸缎镶边，黑色镶边将裙幅分割成大小相等的数块，每块都绣有几枚简单的花卉纹样。此款马面裙的马面下半部分为一工整的长方形组合刺绣图案，图案正中为一朵盛开的牡丹，四周围绕了葫芦、花篮、云板等暗八仙纹样，右下角绣有一枚具象的如意，左右上角分别绣有一只蝙蝠，其中右上角的蝙蝠眼前有两枚铜钱的纹样。整幅图案各个纹样之间的空隙都以各种造型各异的花卉叶片图案填充，繁而不杂，色彩与布局都相当有条理，细看之下更是蕴藏深意：各式花卉带有富贵吉祥含义，蝙蝠与眼前的铜钱寓意“福在眼前”，暗八仙具有驱灾避祸的寓意，右下角一柄如意则代表了“一并如意”的寓意。尽管马面部位的图案内容种类繁多，但是寓意十分明确，都是传达了制作者对穿着这件马面裙的妇女最美好的祝福与祈愿，不论是“福”，还是

图3-7　清末大红绸花卉杂宝纹阑干马面裙

“富贵”，抑或是“驱灾避祸”，汇聚成最简单的词语就是“如意”。鲜红色的底布是最喜庆的颜色，是传统婚礼上的专属色调，因此，这一枚精致的如意纹样不仅代表了制作者“如意”的祝愿，也代表了中国女性对美好未来的祝福与期盼。

如图3-8是清末蓝色绸绣凤穿牡丹纹阑干马面裙，以蓝色提花绸为地，上方使用淡黄色波点图案棉布拼接，两侧有黑色阑干和花卉刺绣图案，马面处有凤穿牡丹刺绣纹样，寓意爱情幸福美满。

(a)闭合图

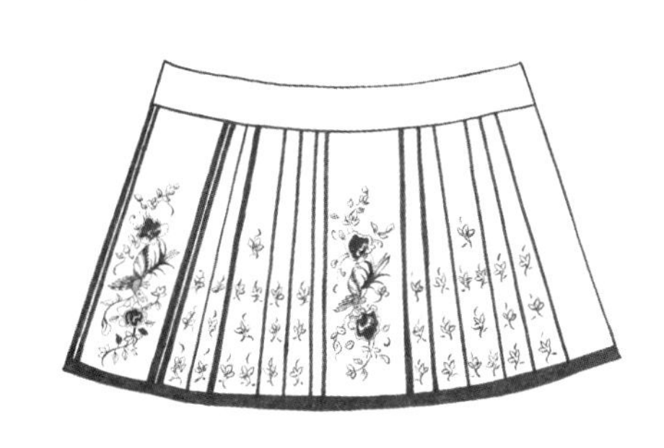

(b)展开图

图3-8　清末蓝色绸绣凤穿牡丹纹阑干马面裙

如图3-9是民国早期大红色绸绣花卉纹阑干马面裙，典型的新式风格，裙身全部以碎花装饰，纹样清新自然，裙腰使用粉色棉布面料拼接，并用三粒纽扣固定。整体上已脱离了清代繁复装饰之风。

图3-9　民国大红色绸绣花卉纹阑干马面裙

褶裥，是服装中的常见装饰造型，运用在裙装中，可以使服装产生动感，并形成半立体的造型。近代服装中的褶裥造型丰富多样，且都以不同的组合造型用在裙子中，比如顺风褶、立体褶、工字褶等。褶裥的造型与质量对于服装的造型和美感都有着非常重要的作用，因为打褶的手法以及其位置、方向、数量等的不同，都会有不同的感觉，并造成不同的服装风格，因为这些的差异，褶裥又被分为两类，自由褶裥以及规则型褶裥。

如图3-10为清末黑色暗花罗绣富贵平安纹褶裥马面裙，以黑色牡丹花暗纹罗料为地，两侧打褶，有菊花、蝙蝠、桃子刺绣图案装饰，中间马面处有牡丹、蝙蝠、灵芝、云纹、花瓶等刺绣图案，寓意富贵平安，福寿吉祥。马面的边缘和裙的下摆有黑色镶边和蓝色贴边，上方腰头使用白色棉布拼接，属于自由褶裥马面裙。

图3-10　清末黑色暗花罗绣富贵平安纹褶裥马面裙

规则型褶裥裙一般称百褶裙或百褶马面裙，两侧通常是对称的规则褶裥，褶裥细密，一般两侧各打50褶，甚至更多，每条细褶的横向宽度在1厘米以内，且装饰有精细的刺绣花纹，底摆上也可加镶边。在《邗诗三百吟》中，有这样对百褶裙的描述："裙用好绸，绉捏成百褶，颜色不拘，利其软而下垂，此新式也。"

百褶裙出现在明末清初，在李渔所著的《闲情偶寄》中有描写："裙制之精细，惟视折纹之多寡。折多则行走自如，无缠身碍足之患，折少则胶柱难移，有态亦同木强。近日吴门所尚百褶裙可谓尽美。"

为了防止百褶裙的细褶散乱，也为了让细褶不走形，中国传统手工艺人在百褶裙的基础上创新针法，在百褶裙的褶间用丝线进行隔段缝制，交叉串联，若将这些褶裥拉伸起来就像鱼鳞的形状，因此被称为"鱼鳞百褶马面裙"。每条褶的纵向每隔两厘米都要固定长为一厘米的两针，不同的鱼鳞裙会因为针法的变化呈现不同的穿着效果。

清光绪年间诗人李静山作诗《增补都门杂咏》有云：“凤尾如何久不闻？皮绵单袷费纷纭。而今无论何时节，都着鱼鳞百褶裙。”说明在光绪年间，鱼鳞百褶裙的普遍流行。裙幅百褶，褶裥细而密，行动时裙裥翻飞，张合变化之间似鱼鳞之状，或静或动都带给人无限的美感。如图3-11的清末大红色暗花罗绣花卉纹鱼鳞百褶马面裙，此裙以梅花、兰花暗纹大红罗料为地，两侧打鱼鳞褶。裙门及裙摆阑干上刺绣以梅花、玉兰等植物纹样，并在前后马面两角刺绣蝙蝠、寿桃纹样及盘金绣海水纹，象征福寿绵长。本裙色彩对比明快，做工平整精细，是传世鱼鳞百褶马面裙中的精品。

图3-11　清末大红色暗花罗绣花卉纹鱼鳞百褶马面裙

图3-12为清末桔黄暗花罗绣蝴蝶花篮纹鱼鳞百褶马面裙，两侧褶裥细密，以丝线串联。其前、后矩形裙门上刺绣以牡丹等纹样，装饰工艺主要有打籽绣、盘金绣以及三蓝绣，做工精湛复杂，巧夺天工。

图3-12　清末桔黄暗花罗绣蝴蝶花篮纹鱼鳞百褶马面裙

马面裙中还有一种月华裙。“月华”的意思，是指月光洒落在云上，而呈现出的彩色光环，因此有学者猜测，月华裙名中的“月华”多来源于女性穿着月华裙行走时的色彩变动的样子。月华裙的特点是马面两侧每一裙幅的用色不同，在明亮色之间会掺杂深色或者复色，甚至还有对比色。总的来说，月华裙就是多裙幅、多配色的马面裙。

李渔《闲情偶寄》中提到：“月华裙者，一裥之中，五色俱备，犹皎洁月之现华光也。”但是李渔并不推崇月华裙，认为“人工物料，十倍常裙，暴殄天物，不待言矣，而又不甚美观。盖下体之服宜淡不宜浓，宜纯不宜杂。”

如图3-13蝶恋花纹鱼鳞百褶月华马面裙，目前仅存有一半，以蓝色、紫色为主色调，上方腰头使用桔色棉布拼接，前后为蓝色和紫色马面，镶边上有石榴、猴子偷桃、蝴蝶等刺绣图案，马面两侧以红色、紫色、粉色、白色、桔黄、水绿、玫红、淡黄、月白、蓝色、杏黄色鱼鳞百褶面料拼接，下方有如意纹拼贴并有蝴蝶等刺绣图案，色彩丰富，做工细腻。

图3-14的蝴蝶纹百褶月华马面裙保存完整但制作相对简单，马面以大红色为地装饰宝蓝色阑干，马面两角有镂空蝴蝶纹样，两侧以多彩百褶丝绸面料拼接，但马面两边的色彩并不对应。

图3-13　蝶恋花纹鱼鳞百褶月华马面裙

图3-14　蝴蝶纹百褶月华马面裙

第三节　近代汉族民间的凤尾裙

凤尾裙是一个特殊裙式，其结构不属于严格意义上的裙。凤尾裙是清朝妇女的一种礼服裙。裙身由一般由8～12条数量不等的彩色裙带接于腰部而成，裙带在末端裁成尖角，周缘镶边以加固用，并在条身绣纹案花样装饰。裙带尾部呈剑尖状，缀有彩色缨穗或铃铛（因此带有铃铛的凤尾裙又称“叮当裙”）等。用裙腰连接各裙带，使裙带等距排列，合整成裙。因穿着走动时彩条飘逸灵动，形似凤尾而得名。

但由于凤尾裙的结构不能将人体完全密合包裹，不能够单独穿着，因而常作为附属装饰系于马面裙之外，其后期也发展出多种形制。一般常见于礼仪和婚嫁场合。穿着此裙行走时，悬垂感极好，绸缎翻动摇曳，配上金丝线及鸟兽花卉纹图案，整体造型形似凤尾的摇曳。通常裙带都会由不同形状的绣片缀连而成，这些绣片精美而繁复，并在最下端缀有缨络或铃铛等饰物。因凤尾裙是由裙带组成，因此民间又称之为“十带裙”，民谚有云：“十带裙呛啷啷，木底鞋子咣哨哨”。

“凤尾裙”一词在清代乾隆时期开始有记载，直至清末民国时期一直有凤尾裙及其变体的存在。《扬州画舫录》是最早有凤尾裙记载书籍：“裙式以缎裁剪作条，每条绣花两畔，镶以金线，碎逗成裙，谓之凤尾。”❶

凤尾裙因其制作精致和不可单独穿着的特性，决定其不可能为日常劳动所穿着。清朝中后期，随着满汉文化融合的加深，凤尾裙从一开始仅限贵族和官宦女眷穿着到殷实之家的女子也会穿着，由此推广开来。凤尾裙的形制华美，其制作可能会花上不少时日，装饰工艺繁多，却又很少为日常生产所穿着，是奢华风尚的流行产物。其流行的原因主要有以下几点。

首先是女子爱美之情的具体表现。凤尾裙形态类似于美丽的凤鸟尾部，极有可能是通过对凤鸟流线的外形和飞翔时的动感艺术形态简化抽象得来的

❶ [清]李斗．扬州画舫录插图本[M]．北京：中华书局，2007：130．

款式。穿上此裙行走时，裙带轻轻飘扬，除了增加女子行步时的婉约之感外，还由于其缎带上装饰了鸟兽花卉等图案和金丝线等不同色泽材料，使其如凤尾般翩跹摇曳。穿此裙站立时，因缎带尾部增加类似于如意头、金属铜铃等装饰，将缎带拉伸平直，悬垂于马面之上，良好地修饰了身型比例。同时随着凤尾裙制作工艺的多样化，其装饰效果也更为丰富。

其次是民间祈福避祸的表达。民俗宗教现象是十分复杂的，从自然崇拜、图腾崇拜的出现开始，就已经有地域区别，具有明显的自发性、民俗性、功利性。这些对美好生活的祈愿，已经融化在日常生活的点点滴滴，凤尾裙更是具有代表性。首先，从形制上，“凤尾”就满足了人们模仿的心理，希望能够如凤凰神鸟一般拥有美丽的外表和高洁品性。其次，在装饰上，凤尾裙的组成缎带上常常会绣上美丽的纹样，这些纹样大多选用传统的花卉、果实、动物和抽象化的宗教符号。

第三是因为凤尾裙的特殊结构。虽说凤尾裙的穿着者多为家境良好的女子，但在生产力普遍低下的封建社会，精心制作一条华丽的裙子仍是一件较为奢侈的事情。古代布匹门幅较窄，若是常规的罩身裙式，所花费的布匹较多，且常年穿着后，磨损不易修补替换。而凤尾裙不同，其条带式的款型，决定其是独立的单元体，在受到损坏时，只需对其某个单元进行修复焕新即可，且缎带上的刺绣和贴布，不仅装饰了裙身，还加固了裙身，延长其使用寿命，很好地解决了浪费的问题，可供长期穿着。

如图3-15为五彩绸绣花卉纹凤尾裙，是近代汉族民间凤尾裙中的典型样式，由淡黄、玫红、水绿、桔黄、粉红、淡蓝、朱红、大红八种色彩的丝绸面料组成

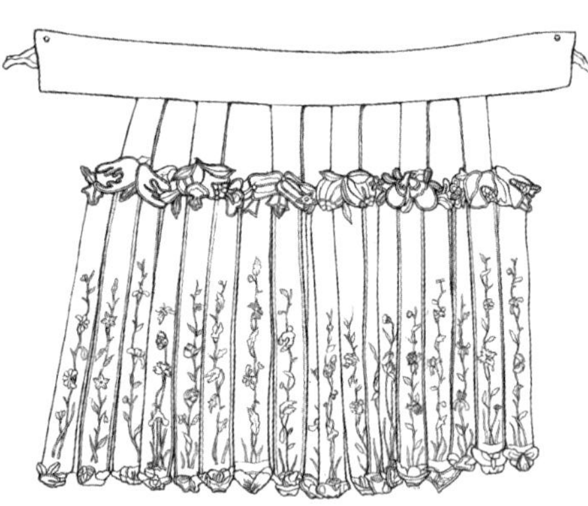

图3-15 清末五彩绸绣花卉纹凤尾裙

十八条凤尾，凤尾有海棠、蝴蝶、葫芦、石榴、桃花、莲花、桃子等刺绣纹样，凤尾的两端有石榴、佛手、桃子的“三多”纹样贴布，寓意多子、多福、多寿。

图3-16的清末水绿色绸缎三多凤凰花卉纹凤尾裙由八条水绿色缎面裙带组成，其中第一条与第五条裙带上为凤戏牡丹纹样，其余各条裙带上绣有花卉及石榴、佛手、寿桃等象征多子、多福、多寿的吉祥纹样，此裙绣工细腻精湛，尤其在用色方面在清末裙装中属少见。

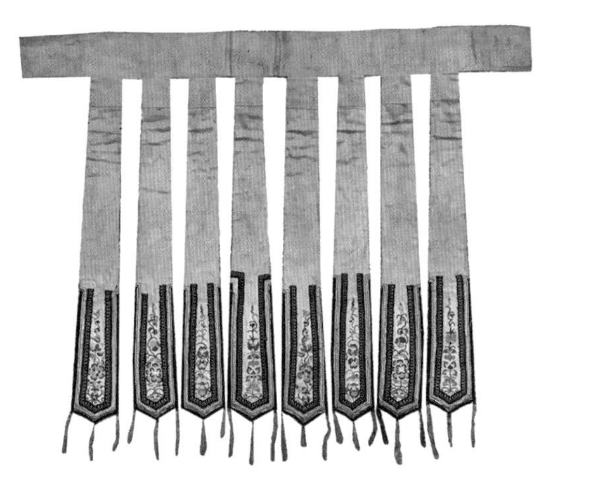

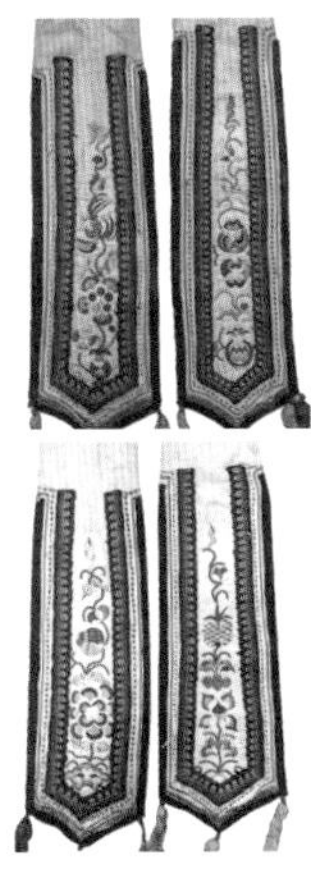

图3-16　清末水绿色绸缎三多凤凰花卉纹凤尾裙

图3-17为彩色绸绣花卉纹凤尾裙，腰头及与凤尾的连接部分用桔色棉布拼接，并由紫色、桃红色、淡绿色三种色彩的丝绸面料组成十条凤尾，每条凤尾分三段由串珠连接，上段紫色花朵型绣片中刺绣各式花卉纹样，中段绣片刺绣佛手、桃子、牡丹、桃花、莲花、石榴等纹样，下段造型为莲花形状，通过颜料晕染形成渐变效果，并在底端缀有鎏金铃铛，是典型的“叮当裙”。

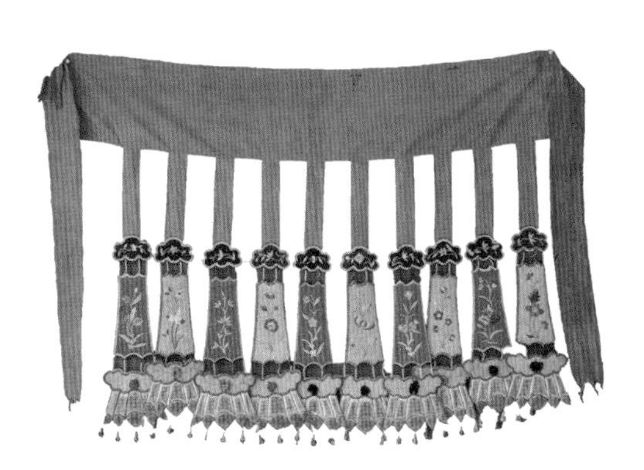

图3-17　彩色绸绣花卉纹凤尾裙

图3-18的凤尾裙与图3-17属同种类型，由朱红、淡黄、绛色、桃红、淡绿、粉红色六色丝绸面料组成九条凤尾，凤尾有梅花、蝴蝶、佛手丹、桃花刺绣，尾尖由淡绿、粉红色面料组成莲花状，并有鎏金铃铛。

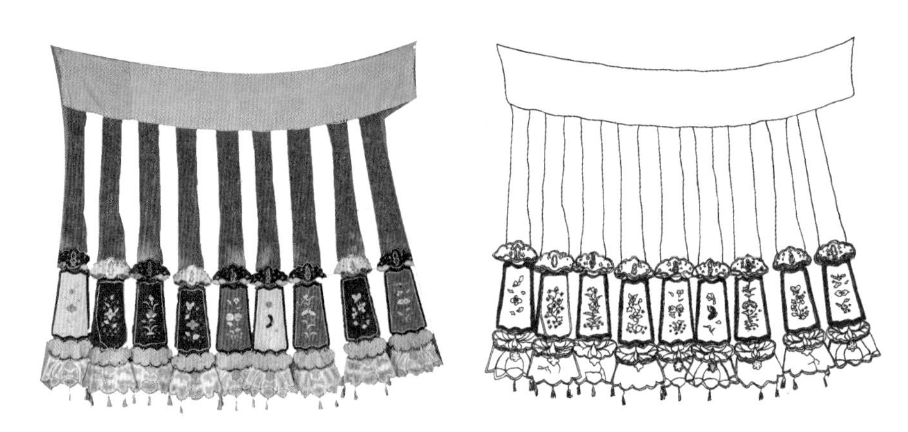

图3-18　清末大红色绸绣花卉纹凤尾裙

装饰铃铛除了可以美化裙身外，还有一项在当时不可忽视的社会功用，那就是检验女子仪态。服装作为中国社会风俗物化表现的重要载体，其形制装饰亦是当时主流文化的侧面反映。自古以来，“礼”作为维护君臣等级、尊卑老幼的秩序，已被人们广泛接受，凤尾裙在一定的思想范畴内也是表现礼仪的形式之一。凤尾部装饰的铃铛致使女子行走坐卧之时，需得仪态端庄，若是动作幅度稍大，导致裙摆飘散，铃铛传声，就会显得这家姑娘家教不严。凤尾裙成为女子从小学习“莲步轻移”优雅举止和传统礼教的工具，是对于当时女性行为的约束，也体现了封建社会对女子仪态的严苛要求。

受到马面裙流行的影响，近代汉族民间的凤尾裙常与马面结合，即在裙的前中和后中位置各加入一条马面代替凤尾，这种凤尾裙亦称“马面凤尾裙”。如图3-19为清末红色缎绣八仙纹如意马面凤尾裙，以蓝色、淡红、朱红色丝绸面料组成十二条凤尾和前后两个马面，凤尾处有八仙、鲤鱼、蝴蝶、鹌鹑、蝙蝠纹样，八仙形态各异，生动活泼，马面处有蝴蝶、铜钱刺绣图案，马面和凤尾边缘有黑色镶边和彩色贴边，上方腰头使用淡蓝色棉布拼接，是马面凤尾裙中的一件精品。

图3-19　清末红色缎绣八仙纹如意马面凤尾裙

这种马面凤尾裙在民间的传世数量不在少数，如图3-20大红色缎绣瓜瓞绵绵马面凤尾裙，主题特征鲜明，在前后马面上各绣有一个"囍"字，并装饰有卷草、铜钱、小孩纹样，寓意财源广进、早生贵子，其余八条凤尾上绣有喜鹊登梅、富贵吉祥等吉祥纹样，并在其中四条凤尾上绣有"努力学习"四个字，具有鲜明的时代特色。

图3-21为清末多彩绸绣人物纹如意马面凤尾裙，腰头部分用灰蓝色棉布拼接，并由黄绿、朱红、灰蓝、黄色、大红五色丝绸面料组成十条凤尾和两个马面，马面上有花篮刺绣图案，凤尾上是戏曲人物绣纹样，底部装饰有桔红色流苏。戏曲纹样也是清代裙装中的常见主题，其每条凤尾上的女性形象生动，亭亭玉立，婀娜多姿，绣功精湛，寄托了制作者对女子仪态的期望。

图3-20　清末大红色缎绣瓜瓞绵绵马面凤尾裙

图3-21　清末多彩绸绣人物纹马面凤尾裙

中国人向来喜欢喜庆、热闹，礼仪场合更是需要艳丽的色彩衬托，所以现存的传世凤尾裙大多是色彩艳丽的，并以五彩居多，而素色尤其是纯黑色的凤尾裙则较少见。图3-22便是一条出自河南地区的黑色马面凤尾裙，从腰头至裙条皆以黑色面料制成，十条凤尾两两相对，有一组是喜鹊登梅纹样，其余皆是花卉纹样，比较有特点的是中间马面上的纹样，内容丰富，组合奇特，花卉缠枝纹的开光中由下至上分别是一个小孩、一头老虎、一只凤凰和一条龙，绣功朴拙，形象抽象。龙、凤、虎是中国原始图腾崇拜中的瑞兽形象，早在先秦时期便有大量的龙凤虎纹织物传世，民间传说中也有很多瑞兽保平安的故事，制作者将龙、凤、虎与小孩绣在一起是希望孩子能够有神灵庇护，茁壮成长。

图3-22　清末黑色绸绣花卉纹马面凤尾裙

清末民初时期，凤尾裙出现了很多变形，如图3-23是凤尾裙与马面裙相结合的一种形制。这种凤尾马面裙的具体样式是在马面裙的裙身部位缝订凤尾裙带，分为部分缝订和全部缝订两种。部分缝订的凤尾马面裙在走动之时，仍保留了凤尾裙本身的飘逸效果。全部缝订的马面裙到清后期逐渐简化，有的上端简化成了笔直的与裙面完全贴合的裙条，只保留裙条下端的剑头部分不与裙面贴合，形制就类似于仅仅使用缎条作为装饰的阑干裙，被称为凤尾阑干式马面裙。

再如图3-24，其形态类似于我们现在的连衣裙，在制作时将腰头延长，变成了背心的形状，这种变形增加了凤尾裙系扎的牢固度，也增加了保暖性和舒适性，或是受到当时西式连衣裙的启发而做出的改良。

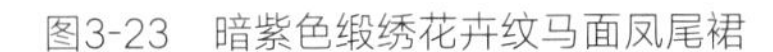

图3-23　暗紫色缎绣花卉纹马面凤尾裙

图3-24　背心式彩色绸绣花卉纹凤尾裙

第四节　近代汉族民间的筒裙

裙装向来是中国传统女性的经典服装样式，同时随着时代变迁而逐渐演变。“倒大袖”上衣所搭配的筒裙顺应上衣简洁的趋势而发展，成为流行的新风尚。

筒裙已经具有了现代裙装的基本形制特征。中国传统的裙子皆是围裹式，侧缝不缝合，平展开就是一块梯形平面的形状，是通过扩大腰围围系于腰间达到重合，从而形成闭合的裙装效果。《太平御览》卷六九六引《释名》：“裙，下裳也。……又曰：裙，裹衣也。古服裙不居外，皆有衣笼之。”其中“裹”就是围，围后必定要系。而筒裙两侧已经缝合，没有重叠部分，没有“马面”形态，简洁而又方便，在裙片卜直接绣花，并保持前后对称，尺寸趋于合体，可以看出，腰宽和腰围明显与现代裙装的尺寸接近，显然这是受到西方服饰技术的影响，与中西文化交流是密不可分的，由近代围裙发展而来，成为真正意义上的裙子。张爱玲在《更衣记》中写过：“晚至1920年左右，比较潇洒自由的宽裙入时了，这一类的裙子才完全废除。”

自民国初年至1930年间，裙子的长短也因时代的转变由覆盖脚面的裙子长度逐渐缩短，不再局限于脚踝范围，如图3-25所示，由脚面向脚踝再向膝盖的长度发展，同时也顺应了上衣逐渐变短的趋势。

如图3-26民国早期刺绣筒裙，以黑色丝绸面料为地，裙上刺绣花卉图案，下摆处有淡黄色贴边，上方腰头则有灰蓝色棉布拼接。此裙属于筒裙的早期形式，与此裙类似的如图3-27，是当时的婚礼裙。

“五四运动”后，中国有大量的日本留学生和中国本土教会学校女学生，她们衣着高立领袄衫搭配黑色长裙，无繁复的纹绣与装饰，素雅且端庄。在西方女权运动和新文化运动的影响下，以女学生为主要代表的知识女性开始纷纷效仿此类穿衣风格，随后被城市女性视为时髦着装开始普及，“倒大袖”上衣搭配长裙成为当时女性主流的着装风格样式（图3-28）。

图3-29是民国黑色绸暗纹筒裙，通身以黑色暗纹提花丝绸面料为主，裙长较长，无刺绣花纹，属于传统与现代过渡阶段的裙装。

图3-25 筒裙的长度变化

图3-26 民国早期黑色缎绣花卉纹筒裙

图3-27 民国早期大红色缎绣花卉纹筒裙

图3-28 民国香烟广告上的女性形象

图3-30是民国时期牡丹纹长筒裙，外部使用黑色牡丹提花透明纱，内部使用白色棉布，腰头部分用深褐色棉布拼接，具有时尚而朦胧的美感。

裙子的长短也因时代的转变由覆盖脚面的裙子长度逐渐缩短，不再局限于脚踝范围，如图3-31为民国时期棕色绸暗纹筒裙，通体以丝绸面料为主，简洁素雅，穿着时能露出小腿。再如图3-32的民国时期粉彩人物瓷器中穿裙的女性人物形象，其筒裙皆是长度在膝盖附近，裙宽较宽，是典型的后期风格。

图3-29　民国黑色绸暗纹筒裙

图3-30　民国黑色提花纱牡丹纹长筒裙

图3-31　民国棕色绸暗纹筒裙

图3-32　民国时期粉彩人物瓶

第五节　近代汉族民间的合裆裤

清中期以前，汉族女性的下装多以裙为主，而裤则主要作为内衣穿着，至光绪（1875～1908年）年间，由于女性思想的解放和西式简洁、方便衣裳思潮的影响，在女性中裤子开始广为流行，而“着裙者渐少”。[1] 可以说汉族女性经过了数千年上袄下裙的衣裳风格，女裤才终于在清末以一种重要的外衣形式出现。

清代女式合裆裤“裤管初较宽，后渐变窄，末端镶有花边”[2]，具有较强的实用和装饰价值，其主要形制为：直筒、大裆、接腰，裤长及脚面，腰部不开口，裆不分前后，裤腰比较宽大，可将裤腰收紧折叠后外系布腰带[3]，裤腿较为宽大，裤脚下摆有精心的修饰，镶有一道或数道花边，有单、夹、棉之分。由于这种裤子是宽腰大裆裤，故又称为“大裆裤”或“宽裆裤”[4]（图3-33）。男女都可穿，但女裤脚比男裤脚较大一些，通常宽一尺（33厘米）左右。穿时先将裤腰抿掖，然后用一条长带系结，余幅垂下为饰。老年妇女或婢仆，多在裤口用一条长带缠裹，现在叫“缠腿布”。将裤口扎住，以利行动，甚至现在北方农村中，老年妇女还存在这种穿着。[5]

如图3-34为桃红色暗花绸绣瓜瓞绵绵女裤，为提花黑色拼贴刺绣长裤，裤脚宽大，以桃红色花卉暗纹提花丝绸面料为地，上方拼接灰蓝色棉布，下方有镶滚装饰，以黑色丝绸作饰边，用桃、桃花、卷草纹打籽绣装饰。至宣统前后，合裆裤的裤管开始向窄瘦的方向发展，镶边也比以前减少了。[6] 如图3-35为大红色刺绣拼贴长裤，以红色丝绸面料为地，上方使用蓝色棉布为拼接腰头，下方以绛红色底刺绣花卉图案装饰裤脚，是清末民初女裤的代表风格。

---

[1] 冯泽民，刘海清．中西服装发展史[M]．北京：中国纺织出版社，2008．

[2] 关皓．满族传统服饰初探[D]．北京：中央民族大学，2005．

[3] 先梅．服装梅式原型直裁法讲座[M]．北京：中国纺织出版社，2000：57．

[4] 山东省地方志编纂委员会．山东省志（民俗志）[M]．济南：山东人民出版社，1996：143-144．

[5] 崔荣荣．近代齐鲁与江南汉族民间衣装文化[M]．北京：高等教育出版社，2012：49．

[6] 王景海，陈劳志，等．中华礼仪全书[M]．吉林：长春出版社，1992．

图3-33　近代着裤的女性形象

图3-34　清末桃红色暗花绸绣瓜瓞绵绵女裤

图3-35　清末大红色绸绣花卉纹拼贴女裤

进入民国，女性的裤装更加简约多样，李当岐就指出："女性穿上了专属于男性的裤子，从历史的角度看，20世纪女装最伟大的革命和创造就在于对下肢的表现。女性也因此获得解放，进入现代生活。[1]"这种穿搭形式被当时的一些时髦女性所追捧，随着社会思想的开化，女性服装逐渐发展为裤装外穿，女性裤子的外穿使女性方便劳作，便于活动，同时也体现了男女追求平等的思想，上衣下裤成为一种女性着装风尚，如图3-36。

[1] 李当岐．男裤女裙——服装的性别符号[J]．装饰，2008（1）：13

图3-36　民国着裤的女性人物画

(a)　　(b)

图3-37　民国时期着裤的女性粉彩人物瓶

随着思想的解放，与倒大袖相配的长裙逐渐变成礼仪服饰，年轻女子居家通常下装只穿一条到膝盖的短裤，并搭配长筒或中筒丝袜。此时的女子裤装主要以丝绸、棉麻为主，颜色素雅，剪裁合体，装饰纹样以同色暗纹和花边为主，也有腰上装饰流苏的，整体而言，基本已摆脱清代宽大、艳丽、装饰繁复的裤装特点。1910年左右，上海女裤尤其以窄口微露出脚踝的长裤为时尚，与当今流行的九分裤在外观上略有相像，如图3-37（a）。这以后上海女性曾一度流行穿着露出小腿肚的短裤。[1] 如图3-37（b）的民国时期粉彩人物瓶中位于中间的女性便是穿着的这种裤子。

[1] 病崔．滑稽时装图[J]．小说画报，1917（4）：83．

发展到1920年，女子身着宽大的长裤及中长裤，裤口宽大，“举凡袖口裤脚，无一不阔”“均阔约八九寸有奇。”与“倒大袖”上衣博大的衣袖一样，远远看去形似下着了一条裙子。如图3-38河南地区的黑色缎绣花卉纹九分棉裤和图3-39的山西地区黑色暗花绸脚口绣花长裤，都是20世纪20年代的风格，两裤以黑色丝绸料为底，裤子上方使用棉布拼接，底部用植物刺绣图案装饰，简单素雅。

图3-38　民国黑色缎绣花卉纹九分棉裤

图3-39　民国黑色暗花绸脚口绣花长裤

随着政治体制的改变，民国服装体制弃旧迎新，不再沿袭过去的服饰制度。民国服制的外形大多是中西合璧的样式。20世纪30年代，民国政府修正服制条例草案，具体内容中规定裤“式如西装裤”，“中山装与西装现时公务员着用者已甚普遍，为顾全事实起见似宜准予并用，惟其颜色应与服制一致以免分歧。”由此可见，西化的衣裳在当时广受大众的欢迎，并得到政府的提倡。时髦的女性一改旧时的宽肥下裳，开始选择较为紧身的长裤。江南大学民间服饰传习馆中，就有一件民国时期的女裤（图3-40），裤裆部略收，以适合体型，裤脚也略收，腰部更是出现了省道，整体形制与古时的裤装有着明显的改变。

图3-40　化纤面料花卉纹改良女裤

第六节 近代汉族民间的套裤

套裤只有裤腿没有裤裆，两腿之间分开，长至大腿。《清稗类钞》曰：“套裤，胫衣也。即古之所谓袴也。其形上口尖，下口平。或棉或夹或单，而冱寒之地，或且以皮为之。”[1] 图3-41是清末黑色棉套裤，其长度到大腿，下脚口平直，上裤口的造型与人体大腿上部的结构相符合，为了御寒保暖，往往做成夹裤或在裤中填以絮棉。套裤往往是男子所服用，女子一般来说是北方女子使用较多。如图3-42中男子下穿到大腿的套裤，套在合裆裤之外。[2] 清初，套裤上下均平直，呈直筒型；清中期则变为上宽下窄，裤上口为符合人体结构，呈自然弧度与大腿部贴合，裤腿底部则小口紧窄，为了穿着方便，多在裤脚外部开衩，并辅以系带，穿着时以带系结[3]；清末，则又盛行起一种更为宽松的套裤，裤腿比原来大一倍。这样的宽松裤子，需要在行动时用带系缚，就出现了绑带，如图3-43为江南大学民间服饰传习馆中收藏的绑腿带，绑腿带通常织成扁而阔的长条状，两侧的尾端各有一流苏，在系缚时垂于脚踝之处。男人们大多把裤脚管用绑腿带在脚踝处缠绕几圈后绑扎起来，既御寒又方便行动。女子则多穿大口裤，如图3-44便是当时女子穿的淡紫色丝绸提花大口套裤，质料精美，色彩淡雅，颇具南方风格，而图3-45的明黄色棉套裤则是典型的北方风格。

年轻妇女所穿的套裤，所用布料的色彩比较鲜艳，多在裤管下摆处绣以图案，或镶有花边等装饰，使其精美而华丽。如图3-46为清末淡紫色丝绸如意头饰边提花套裤，主体面料为海棠花暗纹丝绸面料，裤脚处装饰如意头饰边及宝蓝色包边，饰边上亦刺绣有精美的花卉纹样，本条套裤制作精美配色和谐，是民间套裤中难得的精品。

---

[1] 徐珂．清稗类钞[M]．北京：商务印书馆，1917．

[2] 陈平原，夏晓虹．图像晚清：点石斋画报[M]．天津：百花文艺出版社，2001：45．

[3] 沈周．古代服饰[M]．合肥：黄山书社，2012：113．

图3-41　黑色棉套裤

图3-42　《点石斋画报·借雪雪愤》

图3-43　绑腿

图3-44　淡紫色丝绸提花套裤

图3-45　明黄色棉套裤

图3-46　淡紫色丝绸如意头饰边提花套裤

如图3-47是清末橙色蝶恋花纹如意头饰边女子夹套裤，以橙红色蝶恋花纹样棉布为面料，裤脚用宝蓝色如意纹贴布装饰，外延装饰绿色丝绦。这件套裤的构造较为简单朴素，除了裤脚口的如意纹样外没有其他更多繁杂的装饰，如意镶边上也没有附加常见的刺绣和镂空等装饰技法，仅在裤脚口的如意纹样下方部位缝制了两排盘扣。当盘扣扣起时，裤脚的口径就会相应缩小，不仅可以起到保暖的作用，还便于穿着者行走与劳作。

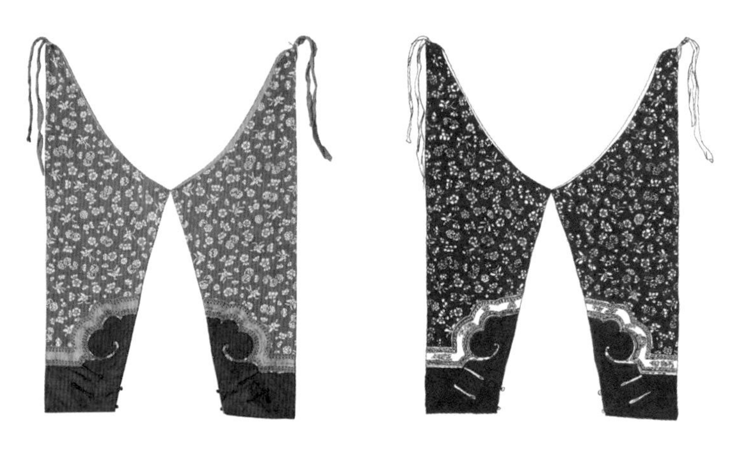

图3-47　橙色蝶恋花纹如意头饰边女子夹套裤

第四章

近代汉族民间衣裳的结构与工艺特征

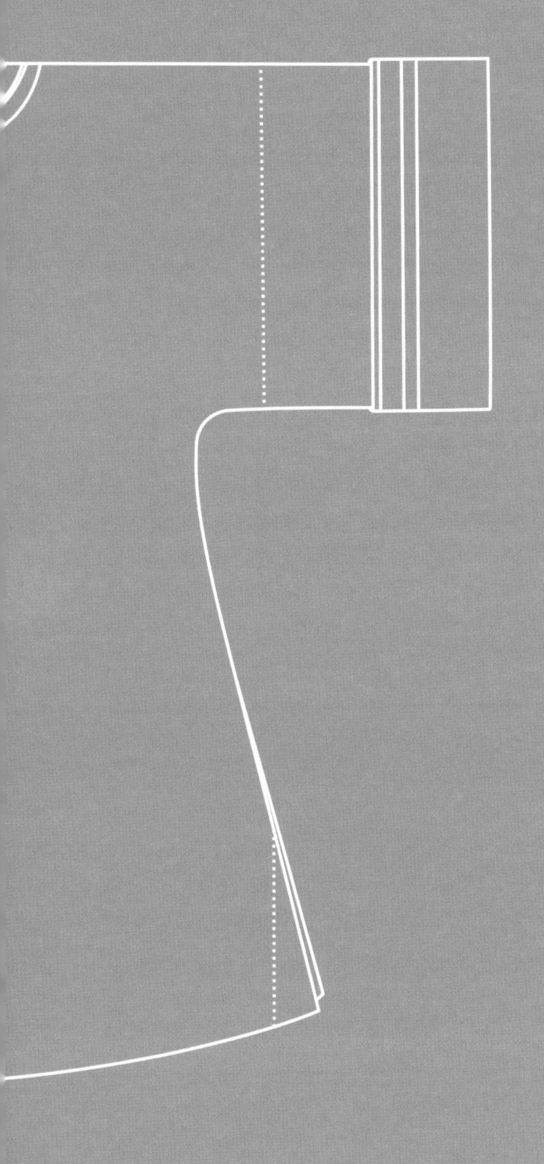

汉族民间衣裳作为一种物化的艺术符号，是植根于中华民族主流文化——汉文化的土壤中，饱含着中国古人的智慧结晶。中华文明源自农耕文明，在追求“天人合一”的理念下崇尚和谐互容。在这样的文化背景下，衣裳在结构上整体呈现平面化的特点，衣身和袖子左右对称，庄重而又趋于保守的风格则是受到儒家中庸文化的影响。衣裳制作技艺，经历了数千年的发展，也最终形成了稳定、独特的造物风格，体现在衣裳之中，便是既有外在符合衣裳形态特征的工艺手法，又展现出内在中华民族一以贯之的造物哲学。

第一节　近代汉族民间衣裳的结构特征

一、近代汉族民间衣裳的整体结构

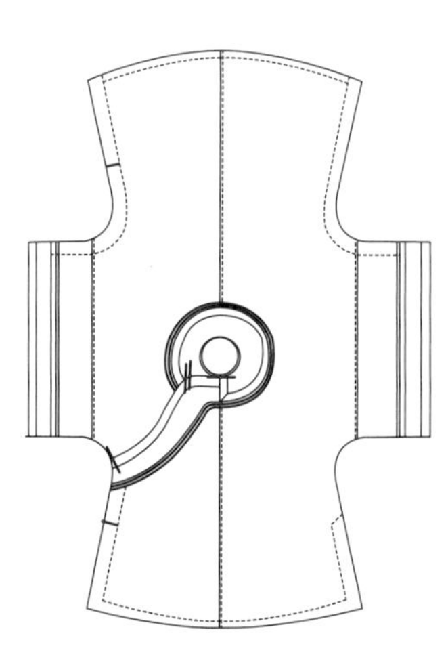

图4-1　传统女袄的展开图

传统女性为了掩饰自己丰满的身材，追求着装达到一种平面式的美感。上衣整体上体现了这种“十字形，整一性，平面体”[1]（图4-1）的结构经典，衣身和袖子左右对称，庄重平稳中略显保守单调。

这种平面性是传统汉族民间衣裳最显著的特征之一，传统民间衣裳无论从结构还是穿着状态上看，都强调其平面性特征。尺寸是采用全臂测量方式，测量手臂长是从一端手腕过后颈点量到另一端手腕，服装穿着的状态以两臂平展、两足稍分开的站立形式为基础，属于典

[1] 陈静洁，刘瑞璞．中华民族服饰结构图考汉族编[M]．北京：中国纺织出版社，2013：309．

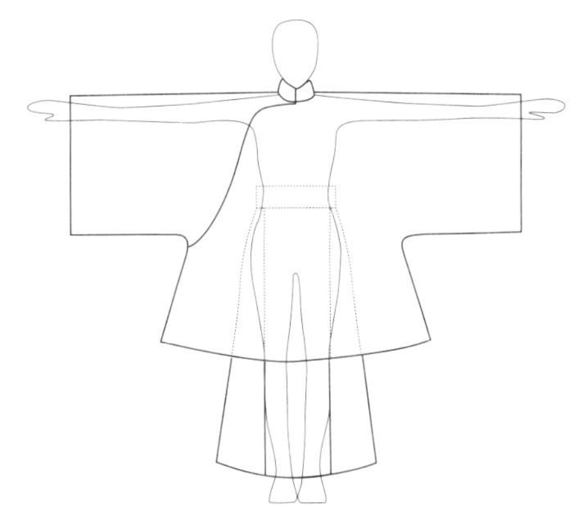

图4-2　近代汉族民间衣裳廓型示意图

图4-3　清末妇女与儿童

型的平面型营造模式。其基本结构形制无论是斜襟构造的还是对襟形制的，均为前后中线与袖通线呈直角的“T”字形。[1]结构展开后，除了斜襟构造的服装中小襟部位与大襟重叠需要另外添加面料外，前后衣片为“十”字形的一片式裁片，整个裁片包括前后大身、左右袖片（在袖子部位因面料幅宽不足而会有接袖），下摆略外展。

传统衣裳不像现代西式服装制式严谨地对应于人体四肢、躯干的分片式结构，“宽衣大袖”自古以来就是汉族传统上衣的显著风格特征，通过加大服装松量尺寸来达到服装穿着的舒适性和风格定位。这种“宽衣大袖”所形成的传统中式服装空间松量的形态跟其“T”形的廓型结构形态几乎是一致的：两臂水平举起状态下，服装的松量集中在袖缝线与侧身缝线相连的部位，呈正反“7”字形（图4-2、图4-3）。

二、近代汉族民间衣裳的拼缀结构

汉族民间衣裳在结构中大量运用拼接、补缀的手法，有些人把它看成是一种“装饰”则是一个重大的误读，它揭示了一种朴素而伟大的价值观。拼，是为了充分利用边角余料；缀，是为了减少对服饰中易磨损部位的直接磨损[2]，以此来延长整件服饰的使用寿命。可以说，不管是拼还是缀都是古人敬

[1] 吴欣，梁惠娥，周小溪．中式结构平面性理念在现代服装设计中的运用[J]．纺织导报，2015（11）：85-87．

[2] 陈静洁．清末汉族古典华服结构研究[D]．北京：北京服装学院，2010．

物精神与节俭意识的一种体现。

纵览近代的一些传统衣裳，不论是上衣还是下裳，几乎所有服装都有拼缀的现象，尤其是在近代女装中运用非常广泛。受到布幅宽度影响，在上衣衣袖的二分之一或三分之一处做袖长的拼补，下摆的四个衣角、腋下都会有拼缀。另外，肩部、背部、领部也是拼缀的主要部位。受地域文化影响，具有特殊审美寓意的服装内部也经常会用拼缀作为装饰。拼缀在下装中主要用于裆部、脚口、裙摆、腰部、裙面和裙幅等各个部位，既有实用性的目的，也有装饰性的目的，从装饰性来说补的位置一般不是固定的，任何穿着时凸显的部位都可以看到拼缀的身影。

拼缀的本意都是出于“用”的考虑，“用”是有用，即有意而为之。其一是为了提高面料的利用率，将裁剪大身所剩的零碎边角料，用于裁剪小片的补角、贴边、镶边等小部件，符合“纸样套排”提高面料利用率的原理；其二是为了增加服装的使用寿命，增加服装的耐磨性能，服装破损部位可以拆换等都是为了使服装穿得更久；其三是为了增加服装的美观程度，通过这种拼缀形式寻求质地与颜色的变化、拼块之间的长宽比例的和谐，表现服装中的线条与色块的艺术审美效果；其四是为了服装结构的合理性需要，在下角拼接三角形“补角”结构，满足的是传统服装衣身肥大、下摆圆顺的形制需要，腋下“插片”结构，满足的是为服装补充人体手臂活动的空间，增加了平面服装的立体效果。

汉族民间传统衣裳皆是这种造型，在制作过程中不以人体各部位尺寸为参考基准，在制作方式上，其裁制是在平放的案板上完成，不需要试样或修正，属于静态式制作过程，裁成的衣片为直线型、平面状、整片式结构，肩部成为受力支点挂穿着整件服装，因此也有“自由穿着的构造”之称。在制作方法上，采用平面裁剪的方法，结构线的分割部位主要在大襟、接袖、侧缝等处，以此形成简单的“板块缝制”，其结构变化保守，造型封闭含蓄，注重服装服制。在装饰技艺上，有别于西方在服装上的立体塑型，中国传统服装注重工艺装饰，尤其注重在平面上对图案、纹样的布局，其工艺装饰形式多种多样，广泛应用于门襟、领面、袖口、下摆等边沿部位，采用滚边、贴边的装饰手法，通过反复与交替达到韵律变化的视觉美感，即所谓一马平川也可风光无限。

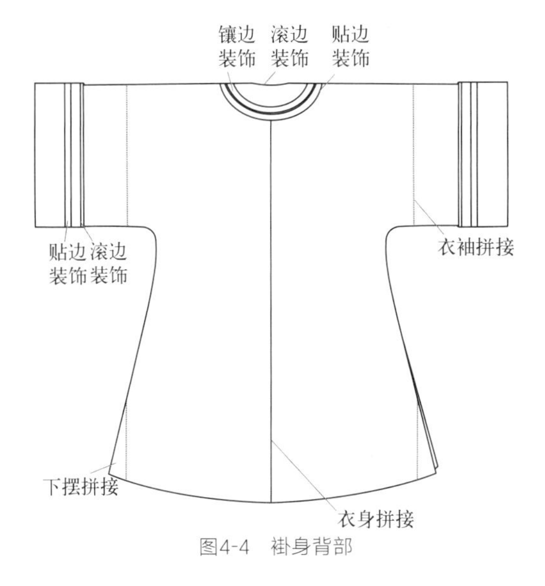

图4-4　褂身背部

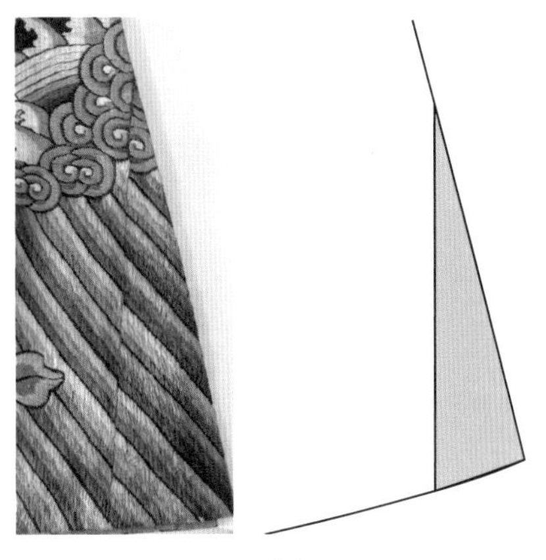
图4-5　下摆补角

受到纺织工艺影响，传统面料门幅较窄，仅有45厘米左右，受到门幅的限制，传统衣裳在制作的过程中采用了多处拼接工艺。首先，最直观的便是衣裳采用的后部破缝结构（图4-4），这也是汉族上装固有的基本结构，也象征了中国传统的中庸之道。其次，在距中心线44.5厘米的衣袖处以及前后衣身的下摆处各有一个宽约5厘米的补角（图4-5），都是由于布幅宽度不够所采用的拼接工艺。

另外，传统上衣皆采用了肩部连裁的方式，衣肩不裁开，而是在布幅的尽头采用拼接的形式，这也最大限度地利用了布料。

值得注意的是，在挽袖的内部，采用了里料的拼接，这也是出于勤俭的角度考虑，可以最大限度地节省面料。在民间凡是于隐蔽处尽可能地节省使用面料早已成为习惯，可谓惜物如金，在美学上恪守外尊内卑的价值观，且保有深刻久远的理性地对待造物的态度。

除了拼接工艺，覆缀工艺在汉族民间衣裳中也被大量运用，这些镶、滚、贴手法的运用不仅增加衣裳整体的美感和层次感，更是出于防磨损的作用，是一种朴素的价值观经过人们的反复实验和对美的追求最终形成的工艺形式，被刘瑞璞老师称为：缀出“物华自然”。[1]

[1] 陈静洁，刘瑞璞．中华民族服饰结构图考汉族编[M]．北京：中国纺织出版社，2013：230．

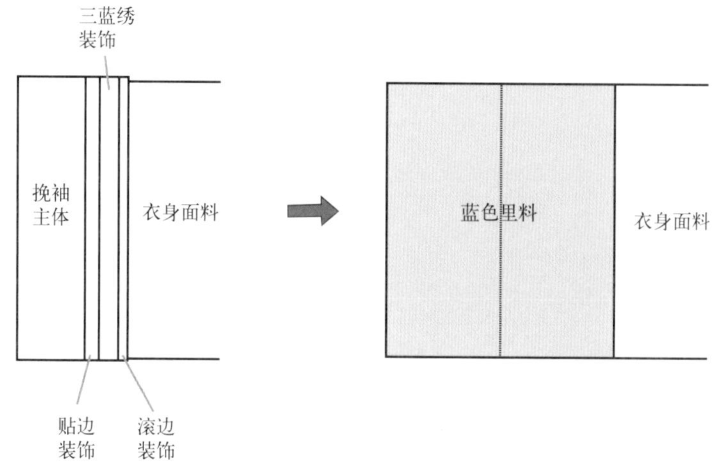

图4-6　挽袖展开图

由图4-4和图4-6不难看出，这些拼缀工艺都集中在领口和袖口，这也恰恰是服装中最容易磨损的地方，即使是精美华贵的礼服，仍然保留着敬物精神与节俭意识的质朴价值观。这种对物质本性的认识与敬畏，可看作是一种代代传承的文化心理，值得今天的我们反思、学习。

三、近代葱绿色团纹织锦倒大袖女袄的实例分析

近代的上衣从宽大的袄褂到紧窄的倒大袖都延续着传统服装平面十字形的特点，因此从江南大学民间服饰传习馆中挑选了一件具有典型代表的倒大袖上衣实例来分析其款式、结构及裁剪特点，如图4-7。

图4-7　葱绿色团纹织锦倒大袖女袄

图4-7所示的这件葱绿色团纹织锦倒大袖女袄形制为右衽大襟，立领，阔摆，两侧开衩，弧形底摆且稍有起翘，腰身窄小，摆长不过臀，腰臀呈曲线，袖短露腕呈喇叭形，衣袖有拼接。通身采用绿色织锦面料，上有团花纹样，色彩搭配雅致，在领子、袖口、衣襟、底摆及开衩处镶有1.2厘米的机织花边，花边纹样采用的是二方连续图案构成，在领子、右侧开襟处各有一对盘扣，开襟处有三对一字盘扣。内衬白色衬里布，面料和里料之间有夹棉（图4-8、图4-9）。

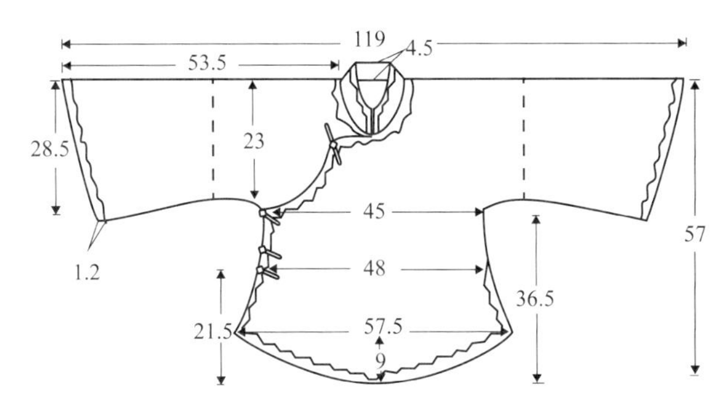

图4-8　葱绿色团纹织锦倒大袖女袄正面款式图（单位：厘米）

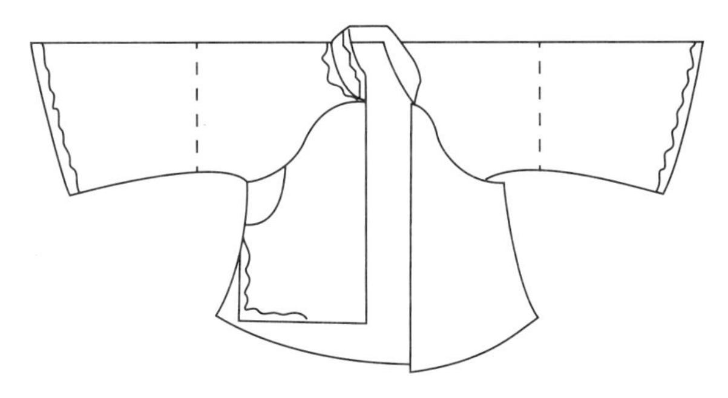
图4-9　葱绿色团纹织锦倒大袖女袄款式展开图

其结构特点为：衣袖相连的平面裁剪形式，无省道和肩缝，该上衣的裁剪以大襟处为分割，衣身裁片相较“大裁”样式的前后衣片较为完整，前后中线无破缝，而右侧衣片衣襟分割处与大襟裁片相连，同时在大襟腋下处有小块拼接，左右衣袖处有分割。衣身侧缝线有弧度，下摆有起翘变化，衣身结构相较平直的衣身更为贴合人体，但并非立体贴体感觉。

本件倒大袖的裁剪示意图如图4-10所示，通过观察衣袖的拼接部分为布边，考虑是因布幅的限制，所以衣袖采用接袖处理，这样就可以在节省面料

的同时又保证服装的整一性，同时该件上衣在衣袖的图案纹样拼接处做到了很好的对齐衔接，在节省服装面料的同时也做到了美观。而在大襟的拼接上也充分体现出节俭的观念。

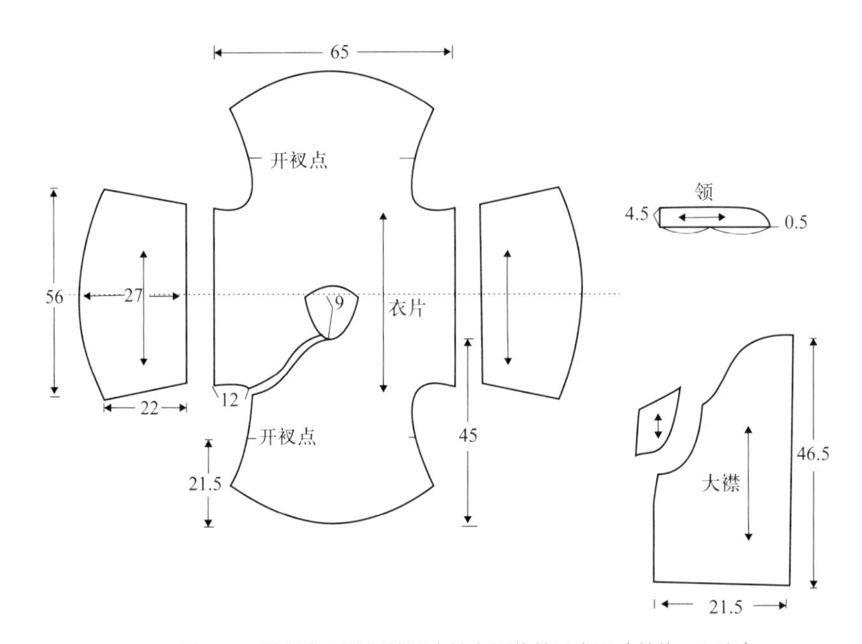

图4-10　葱绿色团纹织锦倒大袖女袄裁剪示意图（单位：厘米）

第二节　近代汉族民间女袄的制作工艺

近代女袄的结构是“十字形，整一性，平面体”的典型代表，江南大学民间服饰传习馆馆藏的清末湖蓝色暗花绸如意云头大襟女袄（图4-11、图4-12），衣身为暗花丝绸面料，上有盘长、宝轮、宝鱼、莲花等佛教八宝暗花纹样，袖口接白色刺绣挽袖，衣襟与衣摆上的如意头纹样象征着对生活和美、如意的期盼。该女袄造型简单，色彩素雅，在选用材料、色彩搭配和制作工艺上都极为复杂，其制作工艺如下。

图4-11　湖蓝色暗花绸如意云头大襟女袄

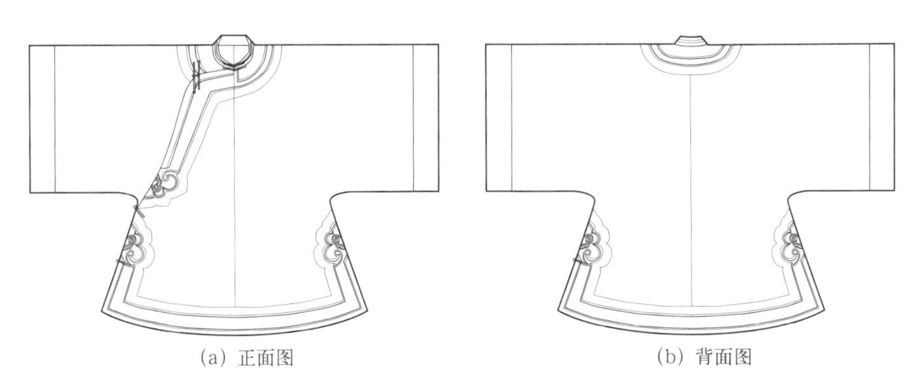

(a) 正面图　　(b) 背面图

图4-12　湖蓝色暗花绸如意云头大襟女袄款式图

一、缝制工具和辅助材料的准备

手工针，顶针，缝线，糨糊，剪刀，熨斗，划粉，尺子，水，领圈模子，大襟模子，面料，贴边花布，垫布。

在选择面料方面，清末时期面料门幅较窄，经测量该件清末女袄的面料门幅约为2.1尺（70厘米）。为方便起见，下文一律换长度单位为厘米表示。在工艺复原的过程中，采用了幅宽150厘米的化纤面料，取面料280厘米长。另准备绿色布料和紫色布料若干。如图4-13所示，根据测量的数据尺寸绘制裁剪图，在结构解析的基础上复原结构并分析缝制工艺步骤。

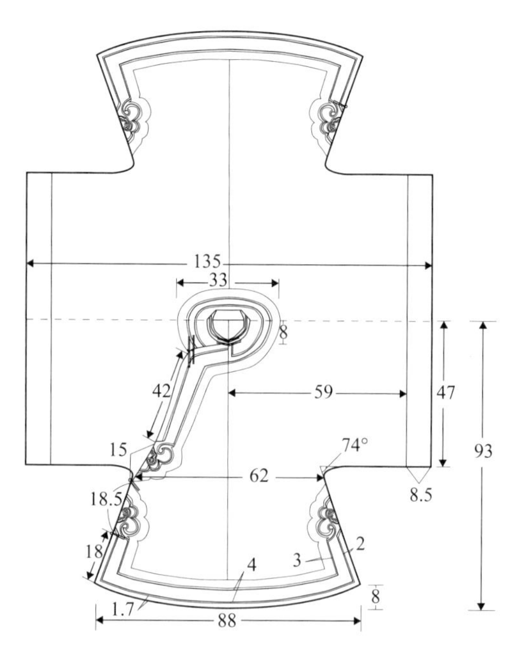

图4-13　湖蓝色暗花绸如意云头大襟女袄的测量数据（单位：厘米）

二、缝制工艺流程图

此件湖蓝色暗花绸如意云头大襟女袄采用传统工艺进行制作，包括面料采购，裁剪，缝制，整烫等基本步骤，图4-14为缝制工艺流程图，使其工序流程一目了然，清晰易懂。

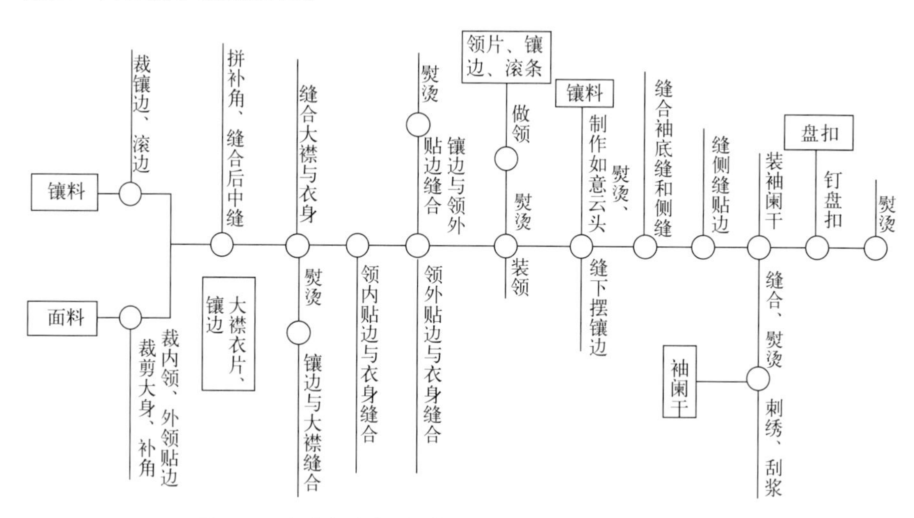

图4-14　湖蓝色暗花绸如意云头大襟女袄缝制工艺流程图

三、主要缝制工艺步骤

1.裁剪大身、补角、领片及贴边

通过对女袄的尺寸测量（图4-13），绘制清末女袄的结构图（图4-15），然后从结构图中拷贝出所需的样板模子。

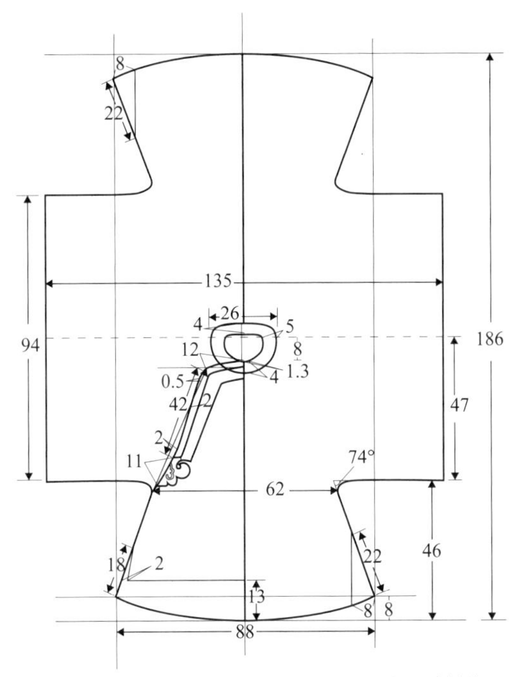

图4-15　湖蓝色暗花绸如意云头大襟女袄结构图（单位：厘米）

将准备好的面料裁剪成三块面料，其中一块70厘米宽、177厘米长的面料正面朝上铺在第一层，一块80厘米宽、190厘米长的面料正面朝上铺在第二层面料的右上角，对齐。将衣身模子和补角模子按照图4-16所示的位置摆放好，用画粉勾勒衣身轮廓，轮廓线外的袖口处留出1.5厘米的缝份，其余部位均留出1厘米缝份，两层面料做一次裁剪，肩线不裁开。将裁剪下的第一层大身水平翻转，使衣片的反面朝上，肩线和右侧布边与下层布片对齐，根据大身模子用划粉划出领口弧线，留出1厘米的缝份后裁剪。

第三块面料用来裁剪大襟，将面料铺平，正面朝上，将大襟模子放在面料较长的一侧上用划粉划出大襟的轮廓，如图4-17所示。留出1厘米的缝份后裁剪大襟。

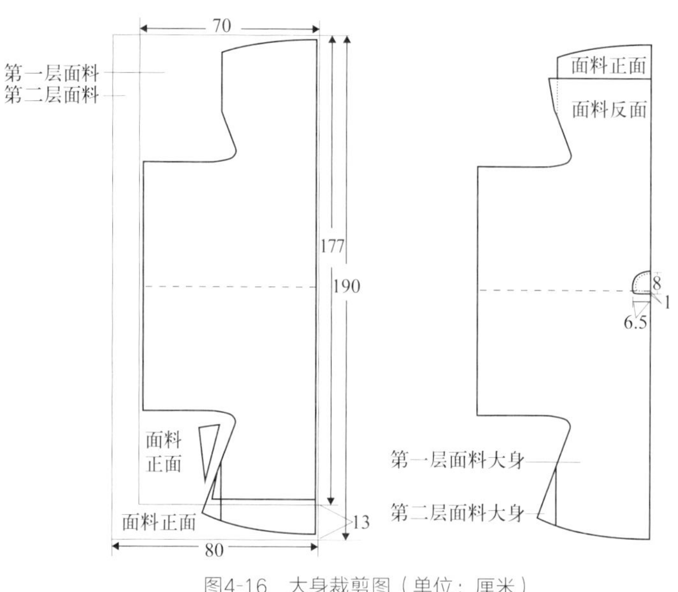

图4-16　大身裁剪图（单位：厘米）

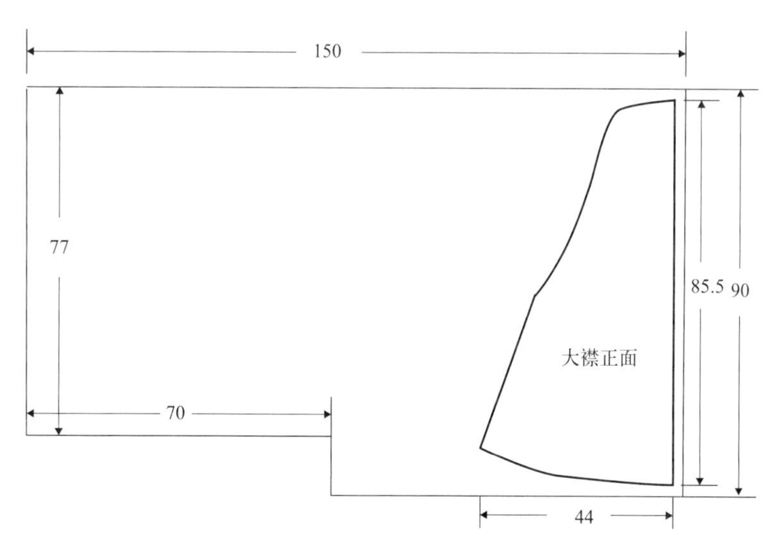

图4-17　大襟裁剪图（单位：厘米）

侧缝贴边起到加固衣身、稳定丝缕和尺寸、使衣身硬挺饱满的作用。取一块较长的面料，按图4-18所示的尺寸外加1厘米缝份裁剪成纱条，在腋下曲度较大的部位设计四个褶裥，使纱条弯转成曲线形态，褶量约为2.2厘米，贴边回毛1厘米，刮浆固定并熨平。

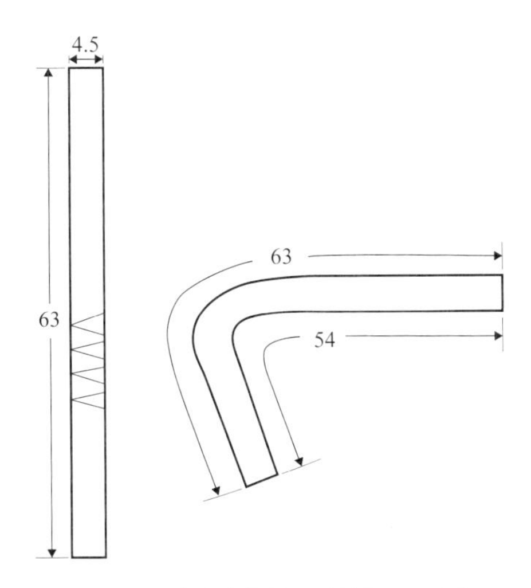

图4-18　侧缝贴边裁剪图（单位：厘米）

用剩下的面料裁剪领里、领面及领内和领外贴边。清末女袄的领内、领外贴边是指沿领圈内围和外围，用与衣身同种面料分别贴缝于衣身内侧和外侧的环形贴布，如图4-19所示，领内贴边是一片面料，后中缝连裁，领外贴边是两片面料，后中有破缝。这种贴边形式被广泛应用于劳动女性的衣裳中，起到稳定尺寸和抗压耐磨的作用。根据之前准备好的净样模子（图4-19、图4-20）画出领里、领面及领内和领外贴边轮廓。最后，全部按勾勒好的轮廓外加1厘米缝份后裁剪，以确保布边平整。

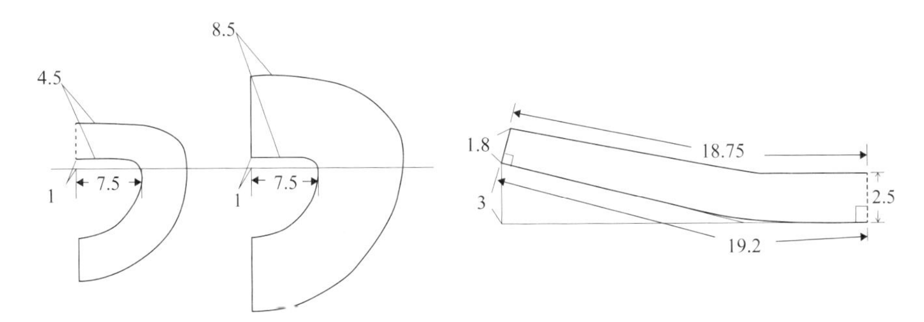

图4-19　领内与领外贴边裁剪图（单位：厘米）　　图4-20　领子裁剪图（单位：厘米）

2.拼补角，缝合后中缝

如图4-21所示，先将补角与衣片正面相对，距边0.5厘米处缝一条线固定。翻到正面分缝烫平，将缝份两侧毛边折向内侧烫平，手针缝合固定。

将衣片正面相对，从领至下摆距边0.5厘米缝合后中缝，缝至距离底边3.5厘米处翻转衣片，使其反面相对，距边0.5厘米缝合至底边。毛边上浆，距边0.3厘米处折向内侧并烫平，用暗针固定。

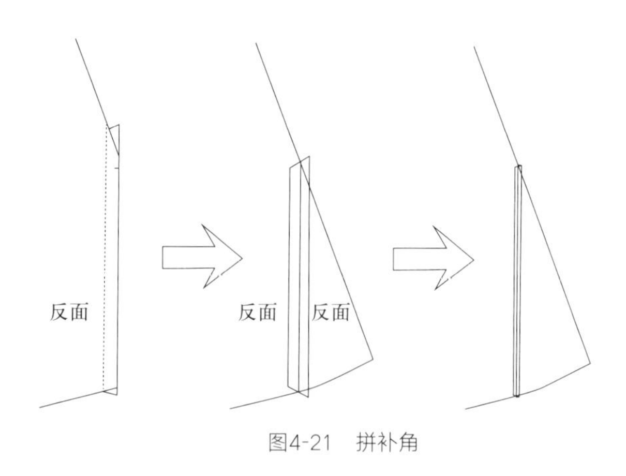

图4-21　拼补角

3.裁镶边

取一块紫色贴边绸布，下摆贴边按45°斜丝5厘米的宽度（包含缝份）裁成两块86厘米长、四块18厘米长和一块16厘米长的长方形的纱条，衣领贴边按45°斜丝2厘米宽度裁成两块40厘米长的纱条，领围和大襟贴边根据清末女袄的结构图中拷贝的模子裁剪。如意云头镶片的裁剪如图4-22所示，铺三层面料排板，可以有效地利用布料。

图4-22　如意云头镶片裁剪图（单位：厘米）

取一块绿色贴边绸布，下摆贴边、领圈和大襟贴边均按45°斜丝3厘米的宽度（包含缝份）裁成两块130厘米长、一块16厘米长、一块86厘米长和一块40厘米长的纱条，按45°斜丝2厘米宽裁剪成总长度约为550厘米的纱条用来制作滚边和盘扣，其中长度较长的纱条可存在拼接。

4.缝大襟镶边

先将绿色和紫色领圈镶边绸布的毛边刮浆固定后，将两块镶边的正面相对进行缝合，将缝份压向小片后烫平。如意云头镶片全部刮浆固定后与大襟镶边缝合，将缝份压向一侧并熨烫平整，根据如意云头模子修剪镶边。在如意纹样的中心部位有一镂空，内藏一枚小如意，大小相套的如意造型一致。

用绿色绸布裁剪的滚边纱条包裹几根棉纱线来制作0.2厘米宽、55厘米长的滚边，将滚边放到如意云头的正面，然后围绕如意云头外边缘和“挖云”部位边缘将滚边固定在紫色绸布镶边上，翻转滚条至衣身反面，折转时滚条外露0.2厘米的量，起装饰作用，如图4-23所示，粗实线表示的是滚边的位置。在“挖云”的部位下面垫一块浅黄色底布，沿“挖云”滚边外一周用白色线绗针固定0.2厘米宽的粉色花边。在如意云头的滚边内一周用绗针固定0.3厘米宽的米白色的织带花边（图4-24）。

图4-23　滚边缝制图解

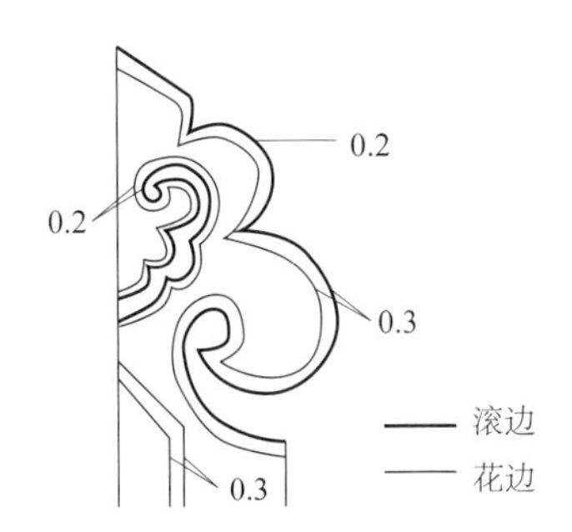

图4-24　如意云头缝制（单位：厘米）

折叠镶边的缝份，熨烫定形，用暗缲针将镶边与大襟缝合。将3厘米宽的花边距离镶边0.5厘米处摆放好，拐角处将花边内折，用暗缲针固定，最后用绗缝线迹沿花边两侧固定花边。

5.缝合大襟与衣身

缝合方式与后中缝的缝合方式相同。

6.绱领贴边

先绱领内贴边，上边绗针与衣身固定，下边用明缲针与衣身固定。

再缝领外镶边，首先将绿色和紫色领圈绸布镶边、领外贴边的毛边刮浆固定后，将两块镶边的正面相对进行缝合，将缝份压向小片后烫平。折叠镶边四周缝份并烫平，将镶边沿四周用暗针固定在领外贴边上，沿绿色绸布镶边的内侧将0.3厘米宽的花边一同固定在紫色绸布镶边和领外贴边上。将3厘米宽的花边沿绿色绸布下方0.5厘米的位置处沿花边的上边沿和领外贴边的下边沿处绗缝固定。

最后绱领外贴边，将领外贴边上边用暗针固定在衣身上，领外贴边下边沿花边底部用绗针固定。

7.绱领

首先缝合紫色镶边，刮浆固定两侧0.5厘米宽的毛边后沿边用暗针固定。再用绿色绸布裁剪的滚边纱条包裹线来制作0.2厘米宽、84厘米长的滚边，然后围绕衣领一周用暗针将滚边固定在紫色绸布镶边上。最后沿的滚边内侧将0.3厘米宽的花边用短绗针固定在紫色绸布镶边上，如图4-25所示。

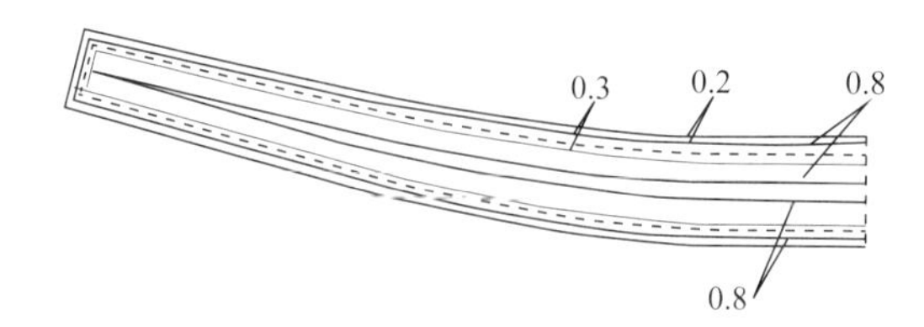

图4-25　领子的缝制（单位：厘米）

先将衣领领里的四周毛边刮浆固定，并折叠熨烫，领里上端和两侧与领面缝合，将衣身的领口毛边放入领里与领面之间，分别缝合领里与衣身、领面与衣身。

8.缝下摆镶边

将所有镶边的毛边刮浆固定，所有如意云头全部刮浆固定。将两种颜色的绸布镶边进行拼接，缝份压向小片面料一侧烫平，再把下摆拐角处的镶边缝合，缝份压向同一侧烫平，所有镶边缝合在一起之后再与如意云头镶片缝合，将缝份压向小片面料一侧烫平，根据如意云头模子修剪镶边。

接下来再制作五个如意云头，制作方法与大襟处的如意云头制作方法相同。

开衩之前的部分将毛边露在外面直接缝制，镶边及衣身的开衩部位、下摆毛边均折向中间熨烫，并用暗缲针缝制。3厘米宽的花边距离镶边0.5厘米处摆放并用绗针固定。

9.缝袖底缝、侧缝、侧缝贴边

将裁好的侧缝贴边在摆缝曲度较大的部位设计四个褶裥，使纱条弯转成与腋下弧线的形状相吻合的曲线形态，褶量约为2厘米，回毛1厘米，刮浆固定并熨平。贴边的位置如图4-26所示，将衣身翻至反面，使面料正面相对，袖底缝和侧缝毛边对齐，将侧缝贴边反面朝上贴着前片衣身的边缘摆放整齐，从袖口开始距边1厘米绗缝，同时缝合三片面料直至侧缝开衩处。

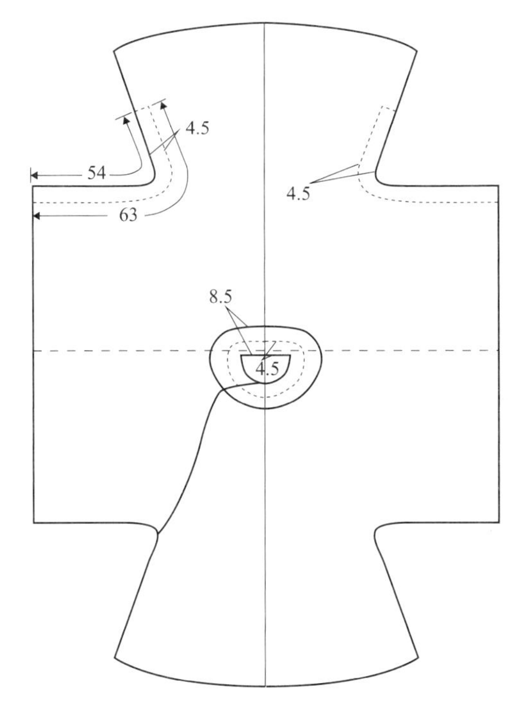

图4-26　贴边位置（单位：厘米）

缝份压向后侧衣身烫平，折叠侧缝贴边毛边并熨烫，将侧缝贴边翻到正面熨烫平整，并用明缲针将其余三条边固定于衣身后片。

在两侧开衩部位用单个网绣固定。网绣，又称花针绣、纹针绣，苗族称为“板花”。运针时用黄色线来回穿缠于网眼状经纬纹路之间，针法见图4-27，形成雕绣般的效果。

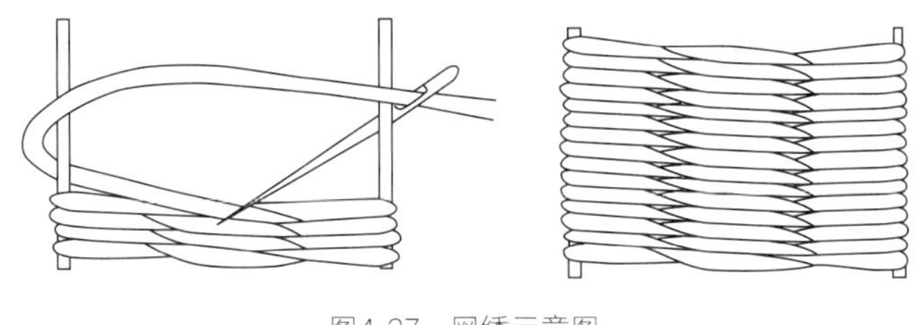

图4-27　网绣示意图

10.绱袖阑干

准备两块99厘米、长16.5厘米宽的白色暗花绸布作为袖阑干，毛边刮浆，根据图4-28所示的折边尺寸用划粉勾勒出刺绣的位置，刺绣长度为一个袖口宽，完成刺绣后，将袖阑干长边从正面进行对折，距短边2.5厘米处绗缝并将缝份压向后身方向烫平。叠折折边并熨烫定形，将衣身袖口放入袖阑干内部与折边对齐、缝线对齐，分别用绗针固定。

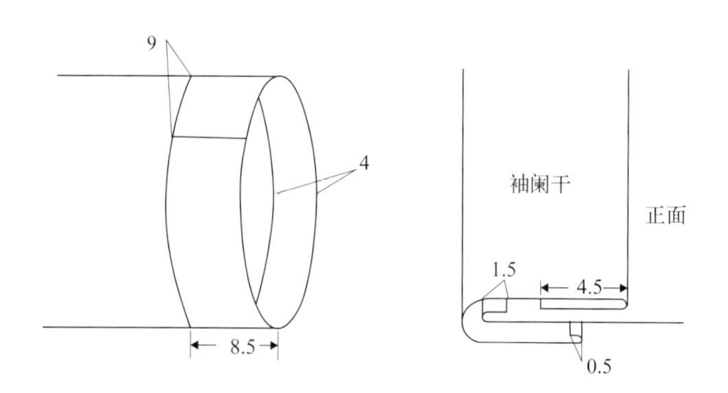

图4-28　绱袖阑干（单位：厘米）

11.衣身后整理

衣片后整理包括缝制一字纽条和整烫大身，该清末女袄一共要缝制六组纽条，扣坨用紫色绸布制作，扣带用绿色绸布制作。其中以下摆开衩的一个纽条为止口，衣领缝制两个，以固定领口；大襟的上转角处放置两个，尾部放置一个，以固定衣身，提高遮掩性。纽条缝制时直接缲牢于衣身。注意在熨烫过程中，取一块垫布铺于大襟滚条之上，在熨烫时适当地拉展大襟，以确保衣料平整。

本件女袄款式采用了前后中破缝结构，客观上是因为布幅宽度不够所致，这也是汉族上装固有的基本结构，也继承了汉族传统衣裳的经典结构，衣身和袖子左右对称，庄重平稳中略显保守单调，而大襟线的设计突破这一格局，体现曲线的动感与柔和，达到整体均衡的视觉效果。❶

❶ 罗静，崔荣荣．传统小峰节约衫的缝制技艺[J]．纺织学报，2012，33（8）：108-113.

第三节　近代汉族民间女裙的制作工艺

为研究汉族民间传统阑干马面裙的制作工艺，笔者对江南大学民间服饰传习馆中的阑干马面裙进行取样分析，记录阑干马面裙的测量数据，以展现该时期阑干马面裙的特征和制作工艺。精巧复杂的制作工艺反映出了古时人们善于构思、独具匠心的审美思想。

江南大学民间服饰传习馆馆藏的图4-29大红色盘金绣绣蝶恋花阑干马面裙（编号SD-Q041）保存完整，这是清末时期山东女子所使用的，以红色丝绸面料为地，以蓝色丝绸镶边和阑干，上方腰头用粉红色棉布拼接，两侧打大褶，每褶裥镶阑干边。整体纹样为蝶恋花主题，边饰有盘金绣的蝴蝶纹样、佛手纹样等花卉纹样进行装饰，是清末汉族民间马面裙中的精品。图4-30为此裙的结构图。

图4-29　大红色盘金绣绣蝶恋花阑干马面裙

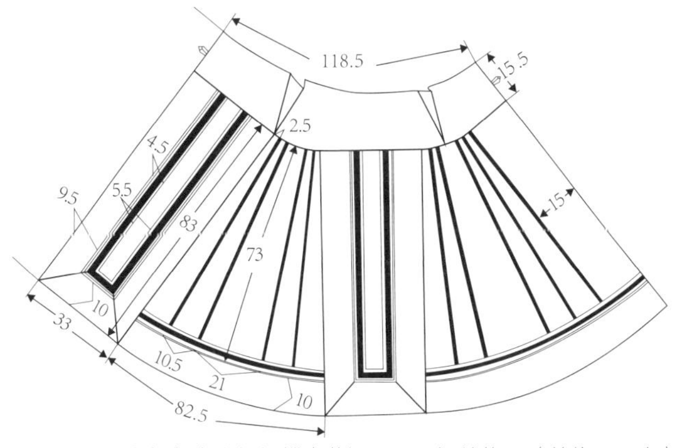

图4-30　大红色盘金绣绣蝶恋花阑干马面裙结构图（单位：厘米）

一、缝制工具和辅助材料的准备

手工针，顶针，缝线，糨糊，剪刀，熨斗，划粉，尺子，水，面料，边缘装饰花边。

二、缝制工艺流程图

阑干马面裙采用了边裁边缝的传统工艺进行缝制制作，包括面料采购，制板裁剪，缝制，到最后的整烫等基本步骤，如图4-31为阑干马面裙的缝制工艺流程图，其流程使其工序流程一目了然，清晰易懂。下文以此为据对其展开详尽说明。

三、主要缝制工艺步骤

根据图4-31所示的缝制工艺流程图，择要介绍阑干裙的缝制工艺步骤。

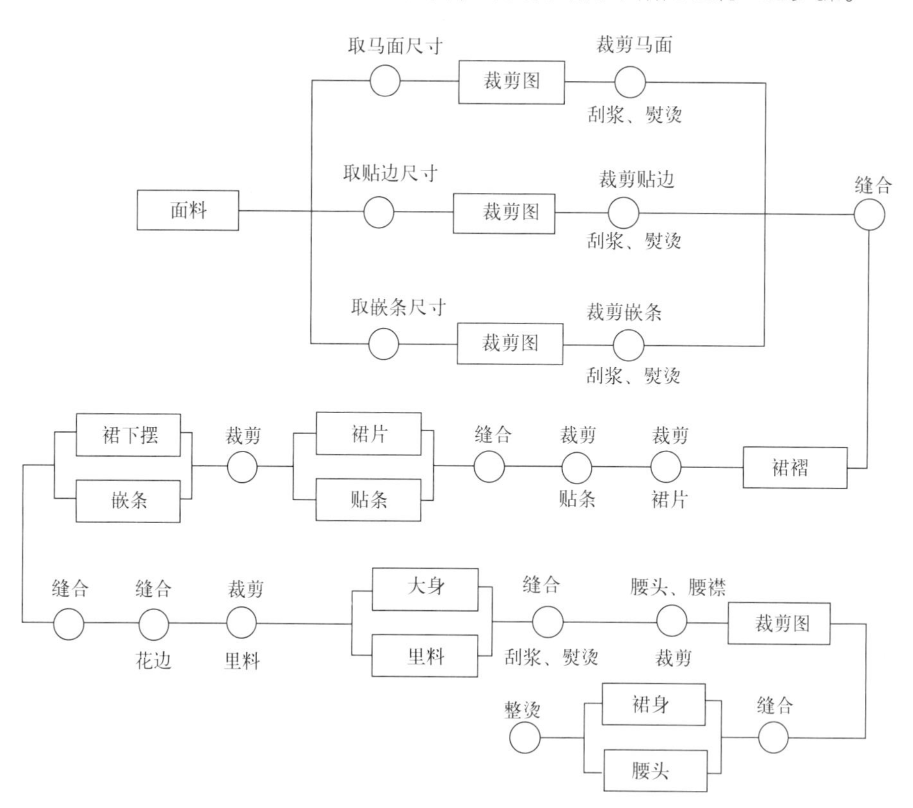

图4-31　大红色盘金绣绣蝶恋花阑干马面裙缝制流程图

1.准备面料

用于缝制阑干裙的多为丝质面料，门幅多较窄，因此裙子的拼口接缝较多，主要面料为裙面的丝质面料，腰头为平纹棉质地面料，裙子反面多用轻薄的真丝绸作为衬布以贴合裙面，起到定型加固的作用。

2.裁剪面料

裁剪面料主要分为裙面、裙里和腰头三大部分，根据江南大学民间服饰传习馆阑干裙的结构分布图（图4-32），阑干裙形式与百褶裙相同，两侧打褶，每褶间镶阑干边。裙门及下摆镶大边，为前后两个不缝合的两大片组成，裙面主要分为三大部分：马面、胁和内裙门。

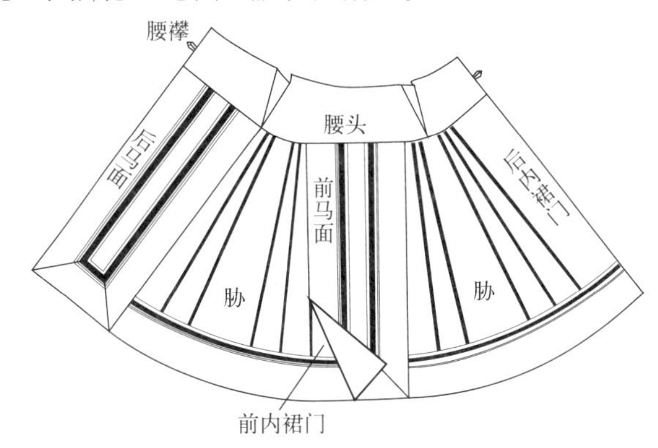

图4-32　传统阑干裙结构分布图

3.裁剪马面

取面料长73厘米、宽14厘米的长方形，留1厘米缝份，后取马面四周贴合的贴边，贴边长83厘米，宽9.5厘米，将裁好的布条上下对折，斜取14厘米后对折裁剪，如图4-33和图4-34所示。用1厘米宽的绿色布边镶嵌缝于马面与贴边的边缘处，即为镶嵌边。为增加嵌条的硬挺度和拉伸度，预先将使用的布料上浆、刮浆、阴晾，而后斜丝缕裁剪是必不可少的工序。考虑到面料叠加厚度及缝制工艺的难度，一般采用绸、缎等较轻薄的面料制作。

嵌条的缝制工艺：

（1）首先以斜向45度方向裁剪一些宽度为1厘米的布条，之所以裁剪斜丝缕，是为了防止后期的扭缕；

（2）再次将裁剪好的嵌条与马面面料正面相对，距边0.3厘米平缝；

（3）其后翻转嵌条熨烫平整，再将贴边与剩余嵌条的面料缝合，如图4-35所示。

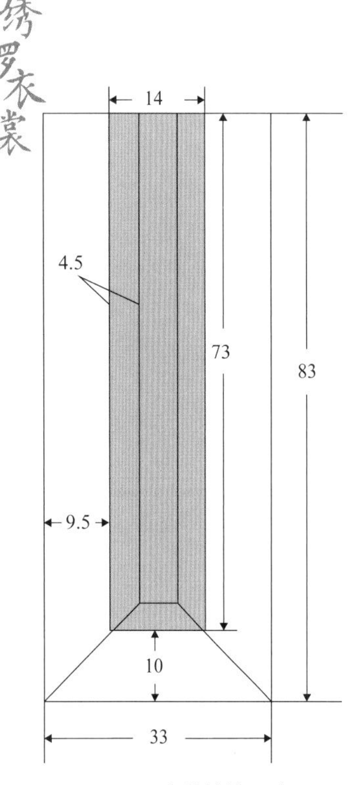

图4-33　马面完整结构尺寸图（单位：厘米）

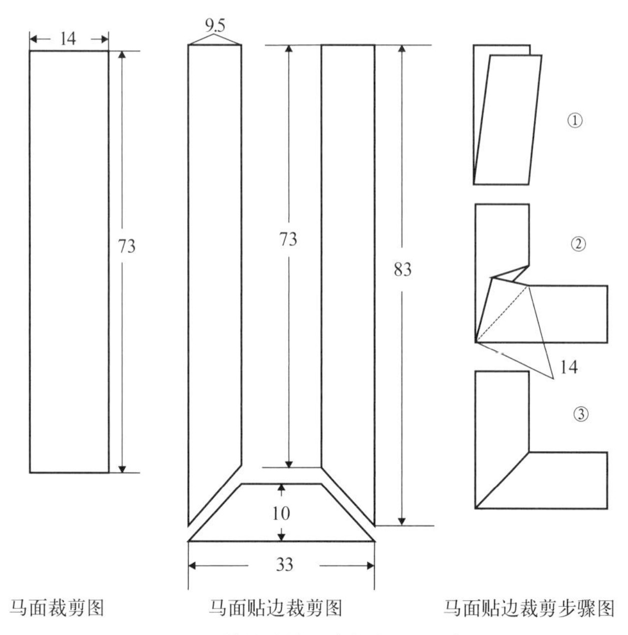

图4-34　马面裁剪结构图（单位：厘米）

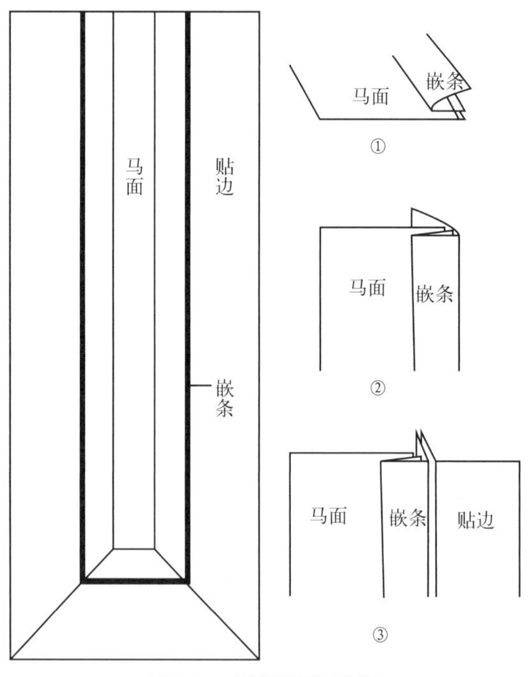

图4-35　嵌条缝制工艺图

4.裙胁的裁剪与制作

与马面裙的褶裥制作工艺相似，裙胁部分以拼缝为主。首先取上宽2.5厘米、下宽10.5厘米、长73厘米的面料上下连接，形成上窄下宽的裙片，如图4-36所示。

取长73厘米、宽1.3厘米长条（图4-37），留1厘米缝份，取两片裙片，于正面拼合处放置滚条，反面缝份平缝固定，故裙片将两两相缝合，且滚条正面无明线（图4-38、图4-39），以此做法将其余裙片缝合完成，如图4-40。

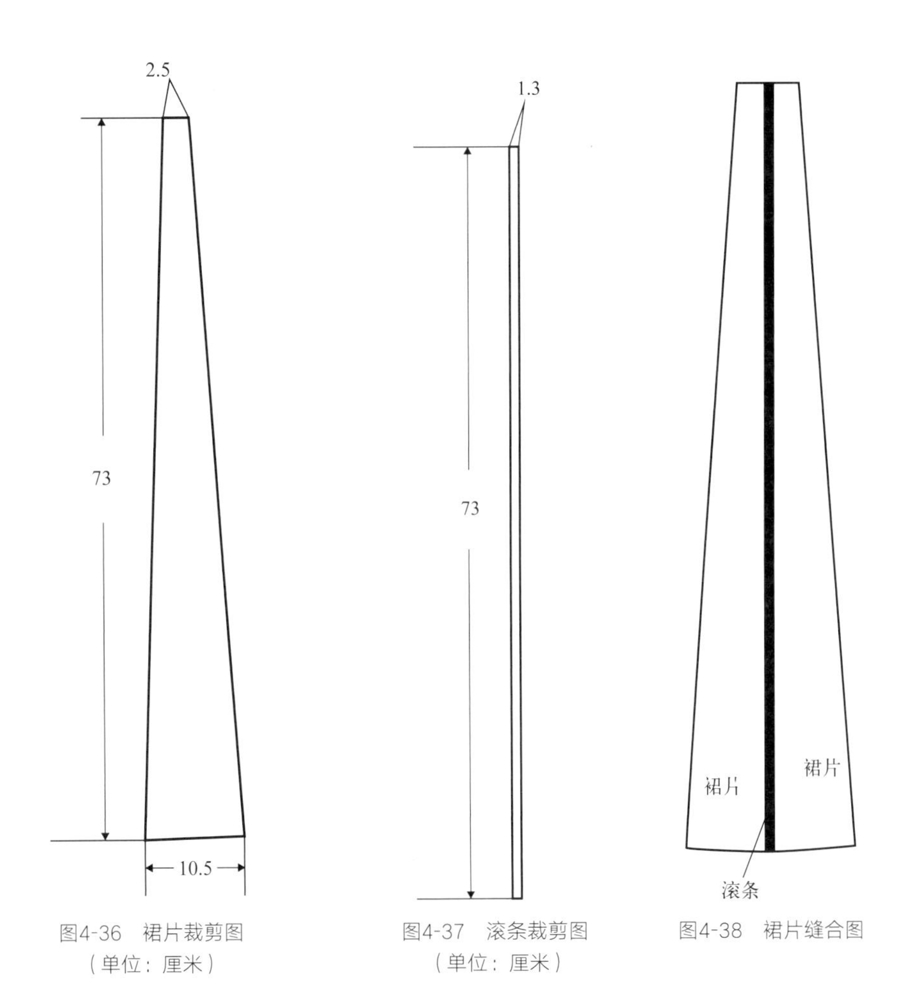

图4-36　裙片裁剪图（单位：厘米）

图4-37　滚条裁剪图（单位：厘米）

图4-38　裙片缝合图

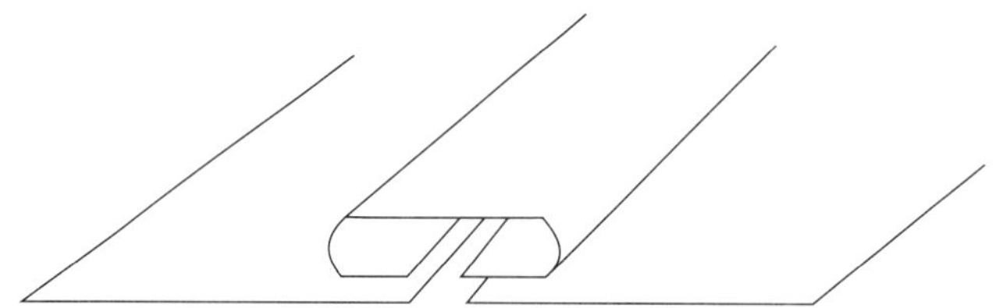

图4-39　裙片滚条缝合示意图

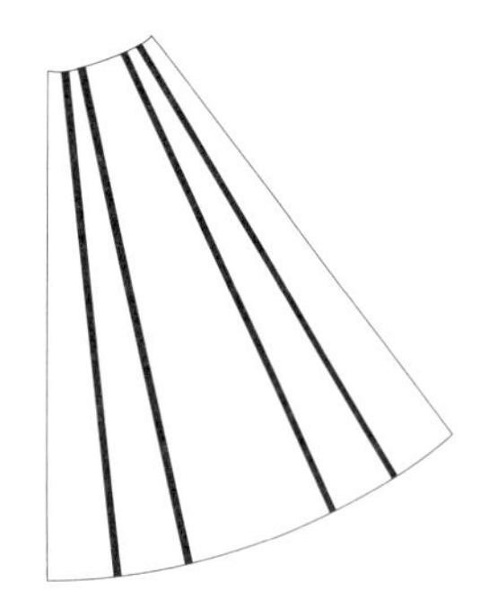

图4-40　单面裙片褶裥缝合完成图

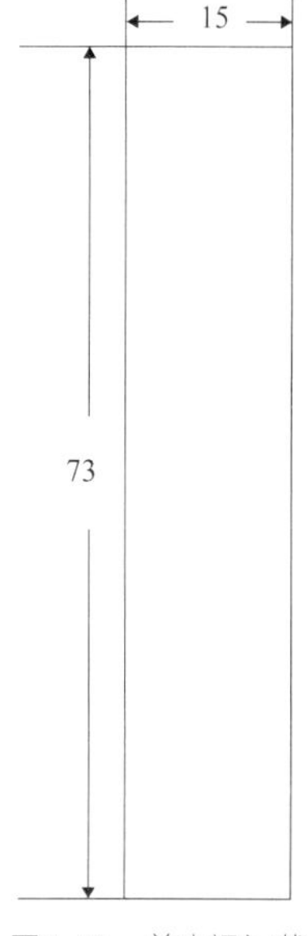

图4-41　前内裙门裁剪图（单位：厘米）

拼接前内裙门和下摆。取长73厘米、宽15厘米的长方形，如图4-41，留1厘米缝份作为前内裙门；取长82.5厘米、宽10厘米的长方形，如图4-42，留1厘米缝份作为下摆，同裙片褶裥的做法不同，用宽11厘米的嵌条将裙身和前内裙门缝合而不是贴边，再与绣好花的下摆裁片缝合，如图4-43所示，同样缝合处镶有嵌条，制作工艺同上。

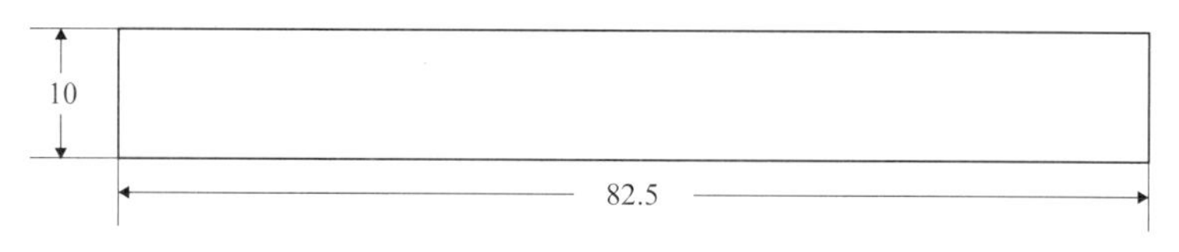

图4-42　裙下摆裁剪图（单位：厘米）

拼接裙面及里料。用宽1厘米的嵌条，将缝制好的马面与已完成好的裙身缝合（图4-44）。缝合后，根据裙身裁剪里料，略比裙面大1~1.5厘米，里料不宜过大，不然则易松落；也不易过小，会将裙面内翻。里料多用碎布拼接而成，拼接缝份很多。

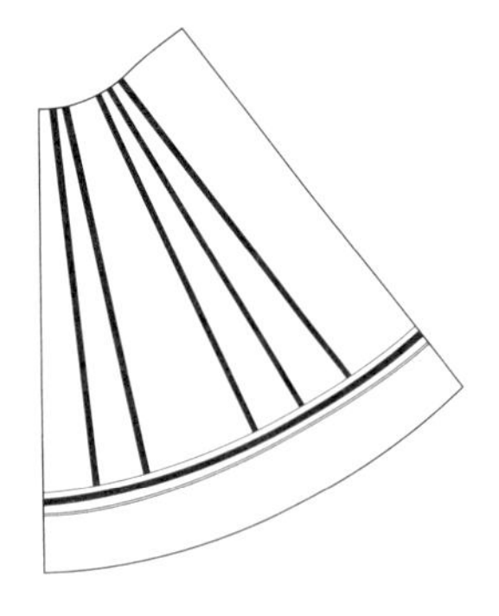

图4-43　拼接前内裙门和下摆缝合完成图

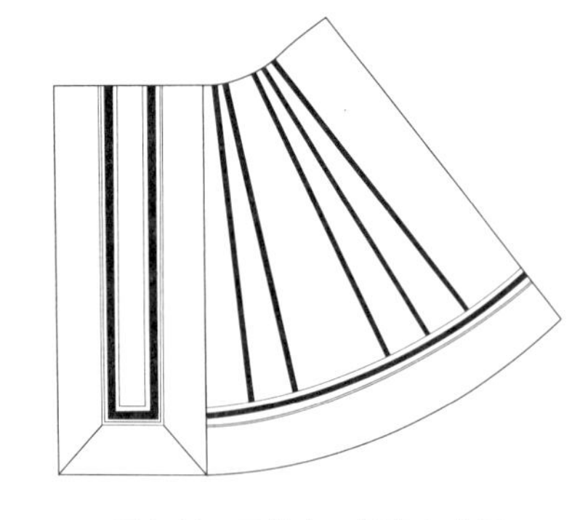

图4-44　二分之一裙身完成图

5.绱腰头

绱腰头是整个裙子的最后一道缝制工艺，将裙身腰部修剪圆顺，用白色棉质平纹布，取长118厘米、宽15.5厘米的长方形（图4-45）。为增加腰头的硬挺度，可预先将使用的布料上浆、刮浆、阴晾，布料硬挺更加方便缝制，将裙身放置于腰头内1厘米，平缝将其缝合固定。

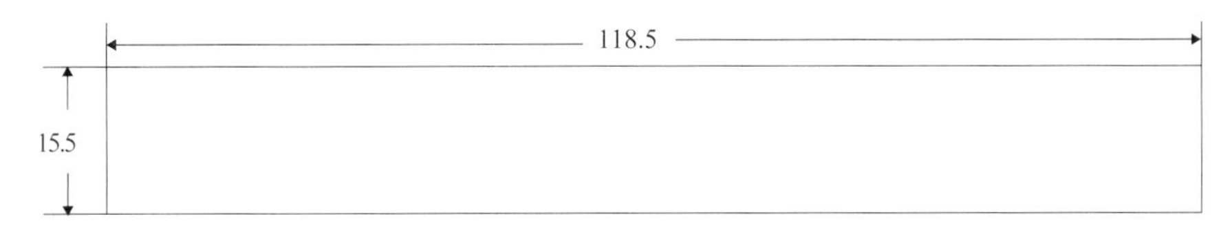

图4-45　腰头裁剪图（单位：厘米）

腰襻的裁剪。取长9厘米、宽3厘米的长方形面料（图4-46），其腰襻没有缝合，只将其布料左右对折中分，熨烫平整，以折合的形式固定（图4-47），缝制在腰头两端，围系时固定成裙。

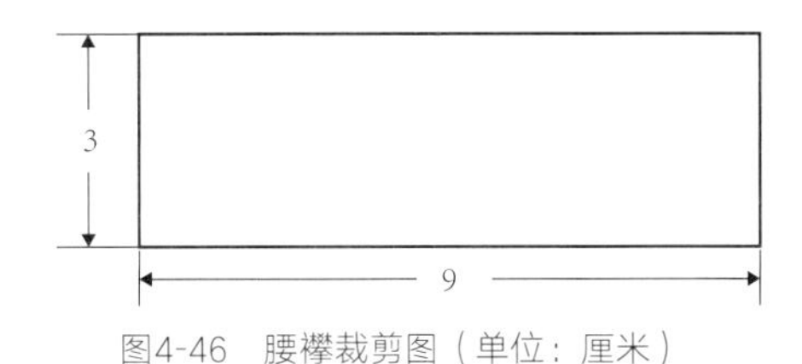

图4-46　腰襻裁剪图（单位：厘米）

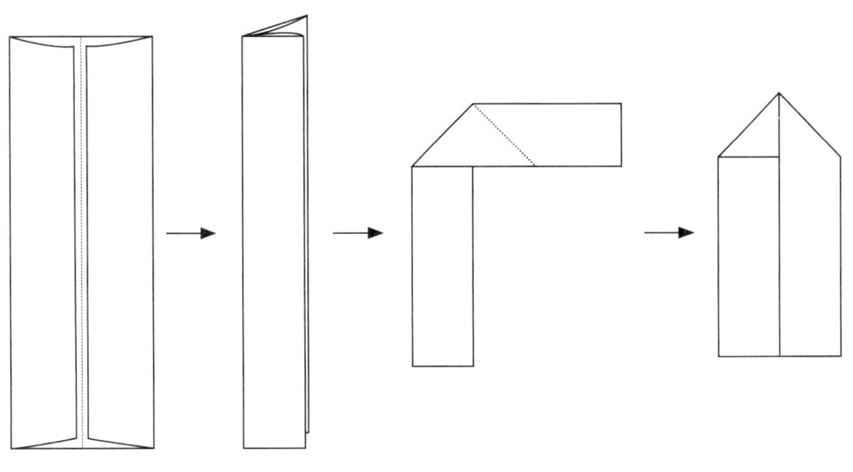

图4-47　腰襻对折步骤图

6.整烫

为使裙身平整光洁，取一块垫布铺于褶裥之上，在一定温湿度下加压熨烫褶裥，使其褶裥更加巩固不易松散，注意熨烫过程中适当拉展褶裥，以确保衣料平整。

第四节　近代汉族民间女裤的制作工艺

清代女裤是传统汉族女性下装的重要组成部分，其款式、结构和缝制工艺彰显出汉族女性独特的女红技艺和工艺智慧。为此，笔者选择清末山东地区一件典型裤装——翠绿色绸绣花卉纹合裆裤进行工艺复原。

该女裤为宽腰合裆裤，现收藏于江南大学民间服饰传习馆，馆藏编号：SD-K013（图4-48），其面料为翠绿色暗纹丝绸，以浅灰蓝棉布拼腰，在裤脚边拼接黑色丝绸，加以打籽绣技艺绣花卉图案装饰，并镶饰数道花边织带。整条裤子色调柔和淡雅，在清代女性裤装中具有典型性。

从图4-49的款式图中可知，本件合裆裤的基本款式结构为：宽裤腰，大裤裆，其腰部不分片，直筒缝制，裆部不分前后，裤管两侧没有裤缝，在裆部做大小裆分割处理，裤脚略宽，裤身穿着宽松，裤脚有花边装饰。

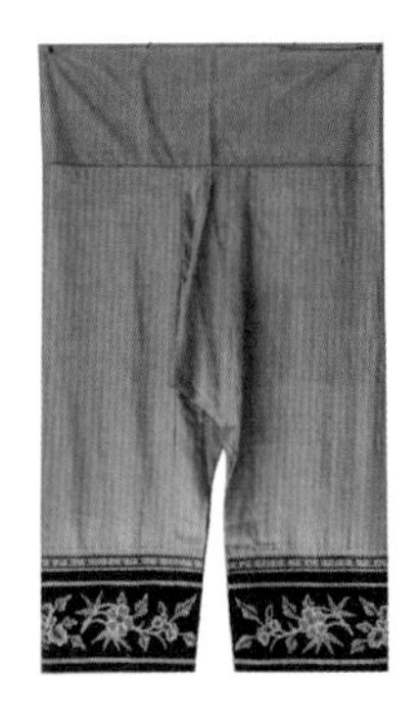

图4-48　翠绿色绸绣花卉纹合裆裤

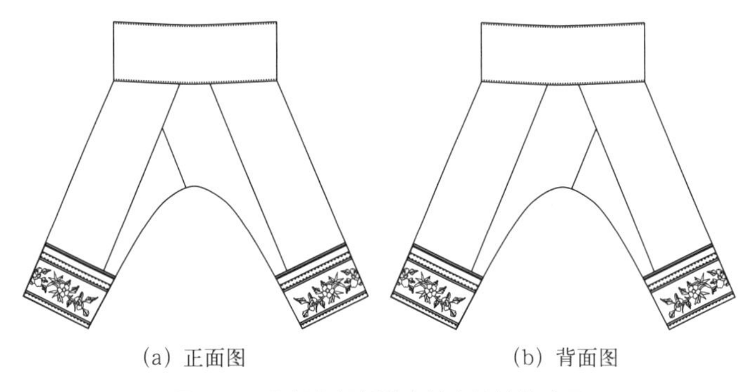

(a) 正面图　　(b) 背面图

图4-49　翠绿色绸绣花卉纹合裆裤款式图

传统中式大裆裤的缝制属于完全的平面结构，构造简单易于缝制，造型简练，宽松舒适，不分前后两面，反转可穿，易于生产劳动。

一、缝制工具和辅助材料的准备

剪刀，熨斗，画粉，尺子，白坯布，缝纫线，牛皮纸。

二、缝制前准备

1.面料准备

早期的用于缝制传统中式裤的面料门幅较窄，约为二尺二（0.73米），需要面料长六尺（2米），另需裤腰布一个，据记载当时各布店均有现成出售。

2.测量尺寸

传统中式裤子所量尺寸包括裤长、腰围、直裆、横裆、脚口等。在面料上画出相应的尺寸大小，以便于后面裁剪。经仔细量度，合裆裤各部位尺寸见图4-50。

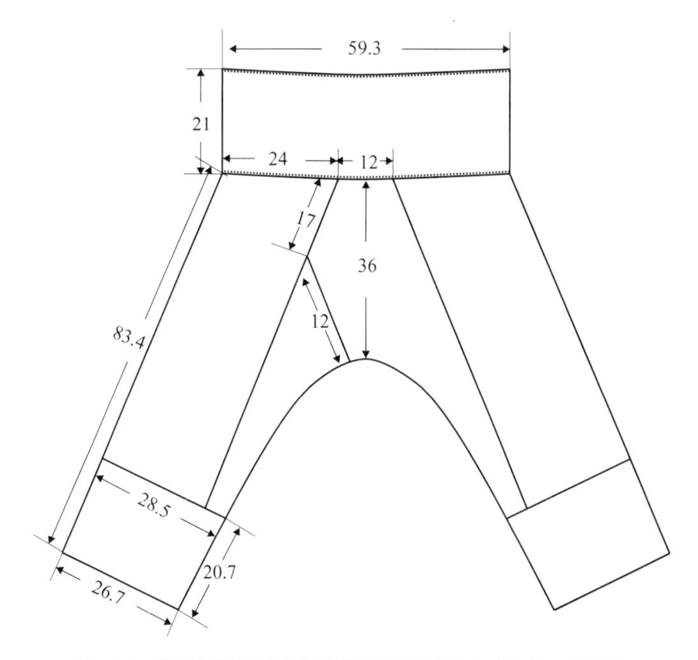

图4-50 翠绿色绸绣花卉纹合裆裤各部位尺寸（单位：厘米）

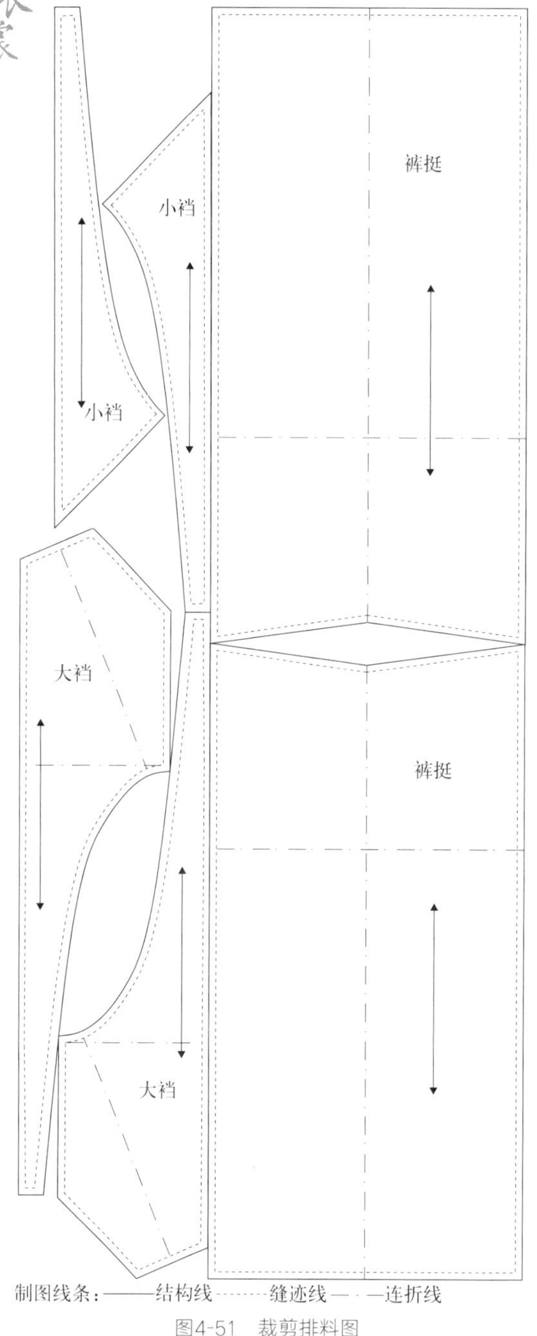

图4-51　裁剪排料图

3. 面料裁剪

裤子的裁法种类虽然很多，有对裆裁、四脚落地裁、偏裆裁、风车裁等[1]，现在将最通行的四脚落地裁，用图示的形式来说明。无论什么裁法都要先确定裤子的尺寸和面料门幅尺寸，再找准面料的经纬向，使面料反面相对，熨平面料反面，在面料反面用画粉勾勒裤子轮廓。按先取纵向尺寸，后取横向尺寸的顺序，在面料上确定裤子主要部位的位置。裤子由五部分合成，包括：①裤挺，即两腿之中垂直笔挺的部位；②小裆，即为裤裆分割较小部位；③大裆，即为裤裆分割较大部位；④裤脚贴边，即裤脚上的数道装饰；⑤裤腰，裤子上端，系缚腰带的部位。此五部位，除了裤脚贴边和裤腰是以其他面料为之，其余则均用统一面料。在绘制裤子结构时适当调整分割位置、裆部尺寸和弧度，除了裤挺不宜补角外，其余如大裆与小裆，虽然有规定的结构，但是为了节省面料，往往接角拼凑而行之。如图4-51所示为此合裆裤的裁剪排料图。早期用于缝制传统中式裤的面料门幅较窄，约为二尺二（73.3厘米），需要面料长六尺（200厘米）。

[1] 张文翰. 汉族裤装历史演变与创新应用[D]. 无锡：江南大学，2014.

三、主要缝制工艺步骤

传统合裆裤的制作手法较为简单，中式的裤子裤片多以直线缝制为主，少有的弧线在裆部出现。在裤片中也没有任何的收省，在裤裆部位的斜裁分割也属于直线的边缝，缝合时也是两裤片上下对叠后，沿边包缝即可，不像西裤为追求合体要反复修正和调整。根据实例，择要介绍传统中式合裆裤缝制基本步骤。

1.拼接裆部

受布幅宽度的限制，裤子在裆部需做拼接处理，以补给裆部的不足，如图4-52所示，拼接的裆部即小裆。前后的小裆拼接相反，因此在裁剪时不能折叠面料裁剪。在实例裤子中，小裆和大裆的经纬向是不同的，小裆的经纬向与裤管相同，而大裆的经纬向则是倾斜的。在大裆与小裆缝合时采用了包缝，先将两个裤片上下对齐叠合，将确定好的0.5厘米的缝份向左倒向对折，在其中间缝制线迹，缝制好后再向相反的方向翻折后熨烫，缝制过程如图4-53所示。

2.缝合裤管

沿裤管线展开裤管片，将裤管片与裤裆片正面相对，对齐裆直线缝合，缝份为0.5厘米，如图4-54所示，裤身与大小裆相缝合。裤身缝合前要分别量准裤腰围尺寸，检查裤腰与裤身腰围尺寸是否相同。

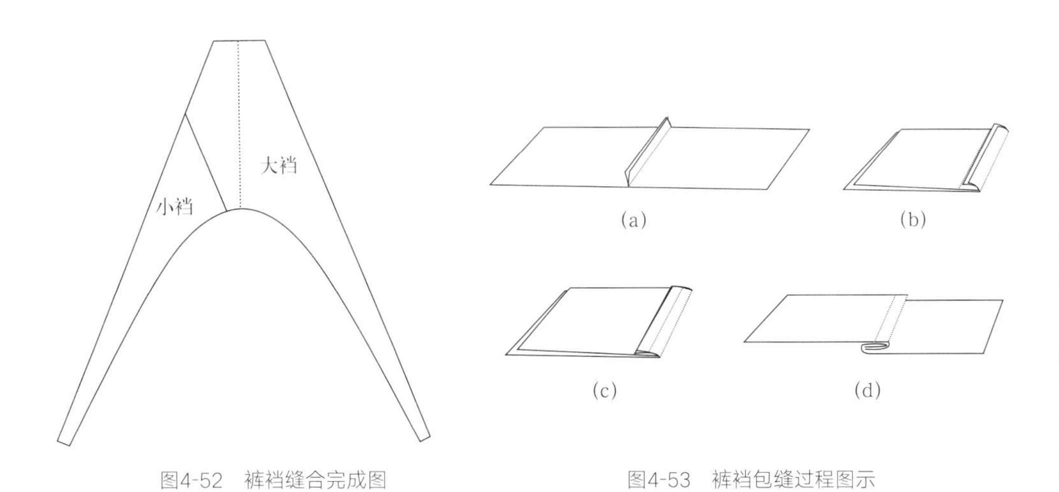

图4-52　裤裆缝合完成图

图4-53　裤裆包缝过程图示

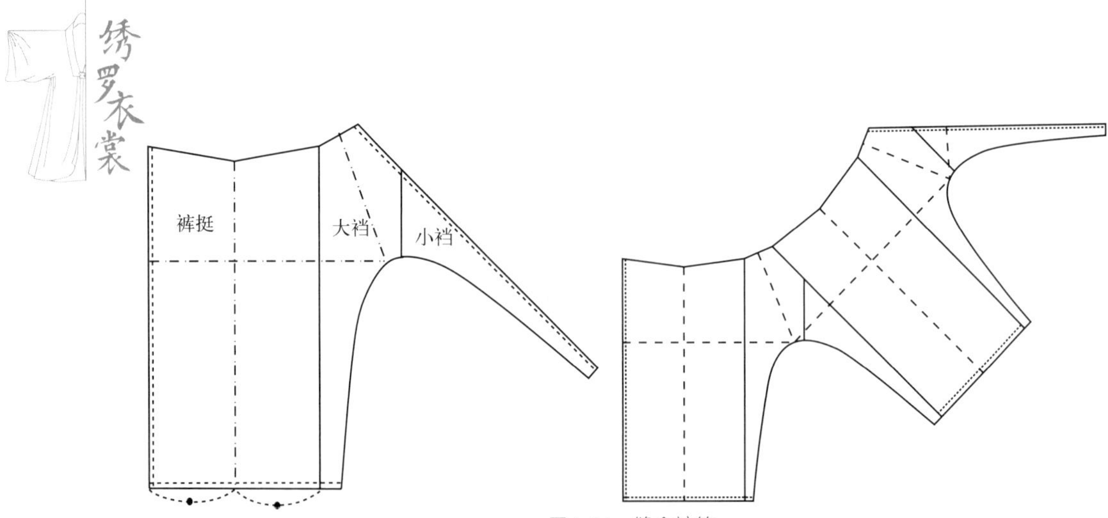

图4-54　缝合裤管

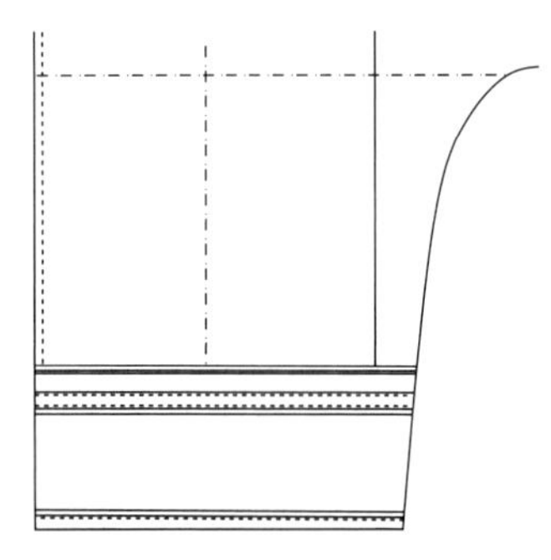

图4-55　裤口贴边

3.裁裤脚贴边、缝贴边

裤脚贴边是指沿裤口外围贴缝于裤身的直筒形布片，如图4-55所示。这种贴边形式被广泛应用在女式裤子中，起到装饰和耐磨牢固的作用。

4.缝合裆线

传统合裆裤的裆部呈弧线，裤片的前后裤裆正面相对，每一段对准，不要错位或上紧下松，缝制时要通过手指的推、伸、拉等技巧，保证上下层松紧适宜，线迹顺直美观。

5.上裤腰

为了节省布料一般用其他布头组合成裤腰，裤腰是一个整片的长方形，宽而肥大，在缝合时，将腰面、腰里的正面相对，按预留的缝份坐倒向裤片折烫，再将上层裤片翻折过来坐倒在缝份上，再压一道明线，宽度为0.2厘米，既能平服止口，增加牢度，又有一定的装饰性，如图4-56所示。

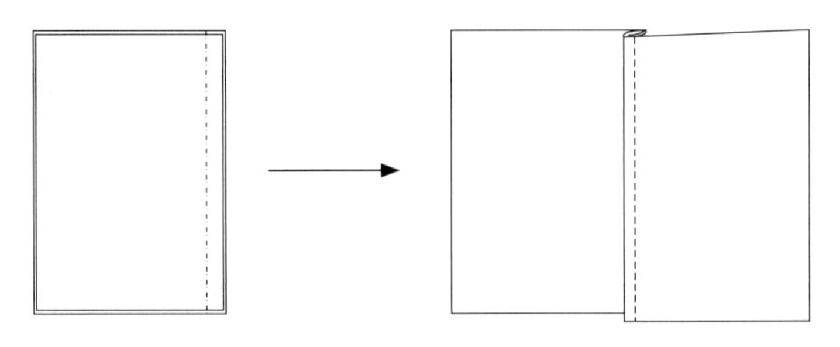

图4-56　裤腰包缝过程图示

6.整烫裤身

将裤身重叠铺平，在裤片表面喷少许水，拭擦裤身褶痕，熨平。取一块垫布铺于裤身之上，在一定温度下加压熨烫裤身，注意在熨烫过程中，要使裤侧线和直裆线始终呈直线，再将裤片的另一面朝上，用同样的方法熨烫一遍。将熨烫好的前后裤片按照之前的缝合方式对齐、铺平，观察前后直裆线是否一致，裆线的缝合是否圆顺，前后裤片的长度是否一致，对工艺要求不相符的部位，及时作出修正。

可以说，清代合裆女裤是传统汉族女裤装的一种典型裤装样式，具有较强的实用和装饰价值，是传统女红智慧的结晶。其款式、结构和缝制工艺彰显出汉族女性独特的女红技艺和工艺智慧。在遵循中国传统的裁剪、缝制手法的基础上，清代合裆女裤也印证了天人合一、道法自然、美用一体的传统设计理念。其造型特征与制作工艺对当代的裤装结构、造型及款式设计具有较高的参考价值。

第五节　近代汉族民间衣裳的造物思想

为适应社会发展及生产生活的需要，汉族民间传统衣裳在自身不断演变及与少数民族相互吸收和交融中历经变革，最终形成形制和工艺上的独特性，并衍生出了独特的造物理念，其主要体现在天人合一的和谐理念、物尽其用的实用思想、格物致知的节俭意识。

一、天人合一的和谐理念

美国学者威尔·杜兰（Will Durant）在其《东方的遗产》中说：“中国人对于艺术家、艺匠和工匠是不分的；工业就像艺术一样，只是把人格表现于东西上。因此，当中国人忽略了像西方人透过大规模的工业，制造方便的东西供应老百姓时，中国人就自己做出比任何国家都富有艺术味，种类又繁多

的精美的日常生活用品。”❶ 中国人在造物方面是有着自己独特的理解和哲学见解的，在汉族传统衣裳的制作方面也同样如此，这其中包含着他们对生活观、自然观和价值观的独特见解。

衣裳款式结构与缝制工艺受传统着装观念的影响，无论是平放还是展开悬挂都会呈现出平面的状态，它看上去简单，但却包含着中华文化直观整体的哲学思想。中国的服装文明起源于大陆文明，发祥于黄河流域，先民们在靠天吃饭、与大自然协调生存中追求“天人合一”，过着安定平稳的农耕生活，他们崇尚和谐，注重内省。表现在服装上，就是将服装和人本身作为一个整体来看待，将人体故意忽略是一种自觉而非无知，从而在服装的结构上没有前后片、衣身和袖的分割，以保持最大的完整性，呈现出平面的“十”字结构形式可以说是上天神授不可擅动。❷《老子》一书中也曾提到“人法地、地法天、天法道、道法自然”，人们认为人与天地、自然万物是浑然一体的。《老子》一书中还提到“道生一，一生二，二生三，三生万物”。这些都表明了在中国人的传统观念中对宇宙是用一种整体的方式去看待的。对世界的宏观认识，体现在穿衣的具体事件上，就是将服装和人自身作为一个整体来看待；反映在服装的造型上，汉族民间衣裳的造型追求的是一种服装随人体的活动而自然流露出来的和谐、统一、舒适的空间形态。因此近代以前的衣裳往往不以人体各部位尺寸为参考基准，而是参照旧衣服以丈量法裁制，即选用尺码合身的旧衣服为参照物，将面料沿经、纬向各对折一次，同时沿前中心线对折旧衣服，使折边对准面料的纬向布边，肩线对准面料的经向布边❸，以此求得一个顺其自然的服装空间效果，从而来表达人与自然融为一体、天人合一的宇宙观。

经过对近代汉族民间衣裳进行工艺复原可以发现，传统汉族衣裳采用平面直裁的四脚落地裁法，将裢片平铺于布料，对包含缝份的量进行毛样裁剪，从头至尾都是在平放的案板上完成，不需要试样或修正，属于静态式制作过程。并具有传统款式结构特点，左右对称，庄重平稳。没有前后片的差别以

---

❶ [美]威尔·杜兰（Will Durant）. 世界文明史：东方的遗产[M]. 台湾幼狮文化公司，译. 北京：东方出版社，1998：505.

❷ 陈静洁，刘瑞璞. 中华民族服饰结构图考汉族编[M]. 北京：中国纺织出版社，2013：311.

❸ 张庆梅. 崇武惠安女服装结构与传统制作工艺[J]. 东华大学学报，2010，10（1）：71-73.

保持最大的完整性，呈现出平面的结构形式。这正体现了传统中国人追求安定平稳的“天人合一”的造物哲学。表现在服装制作上，就是将服装和人本身作为一个整体来看待，将人体故意地忽略，从而形成人与自然的统一。

《考工记》提出“天时、地气、材美、工巧”，并指出“合此四者，然后可以为良”[1]，“工巧”指的是对材料进行加工制作，是人的主观能动性在客观物体上的投射，而《考工记》所指出的造物的“良”则是代表人的主观能动性的“工巧”与自然的规律、阴阳的五行、材料的合宜结合的产物，是一种尊重自然、尊重材质特性，与自然相生相长的造物过程，传统女性就地取材、因材施物，从而达到与自然的和谐共处，所创造出的衣裳正是体现了这种传统的造物理念。

二、物尽其用的实用思想

清代李渔在《闲情偶寄》中指出“坚而后论工拙”，“坚”并不仅仅指牢固耐用，更强调“物”的实际使用层次，说明民间造物的基本功能是围绕“实用”而展开的。主要体现在衣着满足生理、生活的实际需要上。

首先，要适应人体的基本生理需求。人们进行造物活动的重要目的就是为了满足自身的生理需要。在先秦诸子的百家争鸣中，实用的思维给我们的服饰造物带来很大影响。如墨子提出的强调造物中实用价值的“非乐”主义思想，《墨子·辞过》称：“为衣服之法，冬则练帛之中，足以为轻且暖，夏则稀绤之中，足以为轻且凉，谨此则止，故圣人之为衣服，适身体、合肌肤而足矣，非荣耳目而观愚民也。”认为冬季保暖、夏季清凉，适合身体和肌肤才是衣服最重要的作用所在。在《韩非子·外储说左下》中也渗透着同样的理念：“人无毛羽，不衣则不犯寒。……故圣人衣足以犯寒，食足以充虚，则不忧矣。”都是倡导服饰制作要以实用为本，从生理需要出发，强调造物的实用功能。

人体无时无刻不在进行着新陈代谢，不断地产生热量，热量存着于服装和人体间的小气候中，通过蒸发、对流、辐射、传导等形式散发出去，平衡人体的湿热度，这便要求服装的材料吸湿、透湿性能佳，起到气候调节功

[1] 周成林. 考工记[M]. 北京：海豚出版社，2012.

能。❶ 传统的面料都是以天然纤维为主，透气性能良好，对于贴身衣物更是要满足这些生理需求，所以内衣以棉质和丝绸为主要材质。

棉服和裘皮服装的基本实用功能都是满足生理需求，御寒保暖。从江南大学民间服饰传习馆收藏的民间裘皮袄的制作方式来看，汉族传统的裘皮服装都是将裘皮缝制在服装里面的（图4-57），外观上根本就看不出是裘皮服装。❷ 裘皮上的毛绒之间含有空隙，裘皮袍内的空气减少了与外界空气的流通，具有很好的保暖性，经过鞣制的裘皮，柔软顺滑，具有肌理感，干净卫生，与皮肤接触触感好，可见人们穿着裘皮服装的基本初衷和首要功能是为了保暖和御寒的实用动机。

图 4-57　近代江南地区裘皮袄

其次，要适应生活的基本需要。随着人们生活态度、生活方式的转变以及生活需求的发展，汉族民间衣裳制作中体现着衣服的形制及造型设计，从根本上取决于人的生产生活的需要，并且最终要服务于人的生活需要。例如，衣领处的开口及门襟的设置都是为了便于穿脱；敞开的大袖可以方便储放东西……

同时服装还要适于在运动中皮肤的伸缩，让肌肉在着装时受到尽量少的限制，对于伸长率较大的肩部、膝盖部、肘部和背部等，应使皮肤能自由伸展。民间衣裳以宽松型为主，宽袍大袖，裙装多褶裥，这样的设计增加了很大的活动空间，方便人们的运动劳作，使身体的受限相对较小，符合人体工

❶ 刘群．传统服饰中造物思想的探析[D]．无锡：江南大学，2010．

❷ 崔荣荣，张竞琼．传统裘皮服装服用功能性的流变[J]．纺织学报，2005，26（6）：139-140．

学的要求。这些造物的思想都是基于生活需要的实用功能。

李渔在《闲情偶寄》中讲道："裙制之精粗，惟视折纹之多寡。折多则行走自如，无缠身碍足之患，折少之则往来局促，有拘挛桎梏之形，折多则湘纹易动，无风亦似飘飘，折少则胶柱难移，有态则同木强。故衣服之料，他或可省，裙幅必不可省……"[1] 根据图4-58可见，当马面裙的褶裥全部打开时，具有相当大的活动空间，可以宽松地围裹整个臀部，也为下部造型的摇曳摆动提供了结构上的保障。褶皱扩展了整个裙装的宽度，不但满足人体的基本体形及活动机能的需要，并且在寒冷的季节，裙装将腰节至臀部重叠围住，具有良好的保暖性能及劳作时的保护需求，使之在生活中具有穿着舒适的实用性。

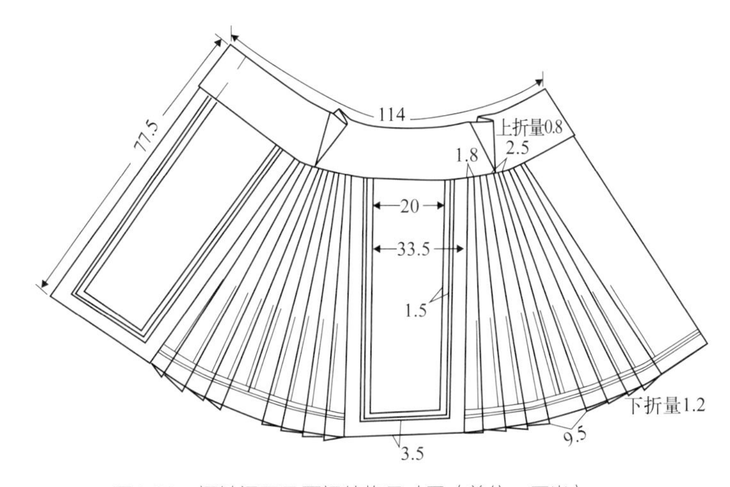

图4-58　褶皱阑干马面裙结构尺寸图（单位：厘米）

图4-59所示的近代黑色暗花缎葵花纹琵琶襟马甲，这件马甲双侧和背后皆有开衩，在实用功能上，这件马甲的裁剪采用的是传统平面式的裁剪，没有收省等贴合人体的结构，这件马甲由女性穿着，由于女性身体腰相对细、胯相对宽的特质，这件马甲的开衩可以使穿着者在穿着时身体不受到服装的制约，腰胯部分的活动更加方便。

[1] [清]李渔. 闲情偶寄[M]. 重庆：重庆出版社，2008.

图4-59　近代黑色暗花缎葵花纹琵琶襟马甲

三、格物致知的节俭意识

农耕文化的传统赋予了汉族人崇尚自然、质朴达观的民族性格，形成了以惜物节物、美用一体的衣裳制作观念。这正体现了《礼记》中“格物致知”的造物理念。

具体而言，从排料裁剪上看，这些汉族民间衣裳充分尊重面料的自然属性，做到因材施艺，审曲面势，以不破坏幅宽的完整性为原则进行裁剪，以此提高面料的利用率。上衣下裳在制作过程中尽量减少结构分割，利用面料的自然幅宽，最大限度地保持了面料的完整，保持来之不易的天赐织物的原生态，既是制作者对造物的敬畏，也是对自然之物崇敬之情的流露。❶

在保证面料完整性的同时，汉族民间衣裳还大量运用拼缀工艺，以此充分利用边角余料并减少对衣裳中易磨损部位的直接磨损。正如《中华民族服饰结构图考》中讲到的：“拼缀是古人的敬物精神和节俭意识在古典华服中的投射。”在缝制工艺上布片与布片之间的拼接，其技术特征表现在裁剪时根据造型分解裁片，化整为零；缝纫时又通过短绗针和平缝、搭接缝组合裁片，化零为整，而且大量的拼接更可以使破损的面料随时替换而不影响美观。❷

而覆缀工艺都集中在领缘、袖缘和襟缘，这也恰恰是服装中最容易磨损的地方，而这些覆缀的使用便可以提高面料的强度和减少磨损，从而延长了

❶ 刘瑞璞，魏佳儒．中国古典华服结构的格物致知命题[J]．服饰导刊，2015（3）：17-20.

❷ 张竞琼，钟铉．江南水乡妇女服饰的镶拼功能与渊源[J]．纺织学报，2007（8）：87-90.

服装的使用寿命。即使是我们现在研究某些精美华贵的礼服时，也可以发现它们仍然保留着这份质朴的价值观。

另外，上衣的贴边、里襟等隐蔽处，由于不影响外观，并便于充分利用面料的余料，所以贴边对用料色彩的一致性、形制的完整性和面料的统一性都不太讲究。经过对汉族传世女上装的分析，可以发现，大多数的大襟与前侧贴边的色彩不一致、尺寸也不统一，甚至领口内贴边的重要部位也不例外。

再如清代合裆女裤在缝制工艺上，采用小裆拼于大裆，大裆拼于裤挺，再将裤挺与大小裆相拼，进而圈而缝之，再缝裤脚、缝贴边、上裤腰的缝制顺序。这其中运用了大量的拼接手法，既适应了裤装自身的结构特点，又最大程度的节省了面料。此外，合裆女裤还用到侧缝连裁的手法，在其侧缝不破的基础上，左右对称，便于裁剪和利用布料，在顺应门幅限制的基础上，使剩余的布料较少。而腰头的部分采用相对粗糙的零料进行拼接，以节约布料。这些都是古人敬物精神和节俭意识的体现。

先人的造物智慧还不仅于此，在节物惜物的基础上达到美用一体才是衣裳创作的根本精神所在，这是对实用性与装饰性统一的追求，如覆缀工艺本是为了减少对衣料的直接磨损，通过面料与刺绣的装饰延长整件衣裳的使用寿命，进而形成了色彩、图案上的装饰作用。

如前文图4-48翠绿色绸绣花卉纹合裆裤，将鲜艳而美好的花卉纹样装饰在裤口上，与翠绿色的裤身形成鲜明对比，用这一抹绚丽的色彩寄托对美好生活的无限憧憬；而合裆裤采用了包缝的形式，最初也是为了增加裤子的牢韧度，同时隐藏了毛边，使裤子里外都整齐美观。这些都是朴素的价值观经过人们的反复实验和对美的追求最终形成的工艺形式。

第五章 近代汉族民间衣裳的装饰特征

近代汉族女性通过对衣裳纹样的不断雕琢和边饰、扣饰、褶饰的精心制作满足内心对美的追求。这些衣裳的装饰内容受当时社会制度、民俗风俗、宗族理念、个人情感及制造方式的影响，展现出独特的艺术特色，形式丰富，千姿百态。在发挥其装饰效果的同时，又反映着生活，从中可了解到当时人民的精神世界，展现出强烈的艺术感染力。

第一节　近代汉族民间衣裳的纹饰

纹样的“产生和应用总是因民族生活、精神面貌、地理环境、历史特点，文化技术和审美观点的不同而表现出不同的风格特色”[1]，汉族民间衣裳上的纹饰受“纹必有意，意必吉祥”的传统装饰观念影响，成为寄托穿着感情的重要媒介。

一、汉族民间衣裳纹样的形成

（一）对自然的崇拜

农耕的社会文明使汉族人与大自然的关系极为亲密，在长期的劳作过程中加深了他们对动植物的认识，动植物成为人们生活中重要的角色，这一切都成为动植物纹样产生形成的必然因素。同时，根据这些动植物的特性来赋予他们神秘的力量和美好的寓意，如喜鹊寓意美好事物的到来，蝶恋花、凤戏牡丹、鱼戏莲等寓意美好的爱情[2]，花开富贵寓意吉祥美满……这些都是汉族民间衣裳中的常见纹样，是人们对自然界美好想象的寄托。另一方面，对于人的知识无法理解的自然现象，人们往往通过神秘的、超现实的方式去解

❶ 刘秋霖，等．中华吉祥纹样图典[M]．天津：百花文艺出版社，2004．

❷ 崔荣荣，牛犁．民间服饰中的“乞子”主题纹饰[J]．民俗研究，2011（2）：129-135．

释，如风雨雷则往往通过抽象的几何纹样表现出来，而江崖海水等宏观大气的自然景物则往往被视作权利、地位的象征。

（二）对图腾的崇拜

与自然崇拜不同，图腾崇拜是指将某一特定动物或植物视作有神秘的力量的崇拜行为。相比自然崇拜的广泛，对某个族群来说，图腾崇拜的对象可能是单一的或是少数的，而这种崇拜关系也是持久而神圣的。正如弗洛伊德所说的："人们对图腾具有一种出自本能的尊敬和保护关系"。❶ 而衣裳纹样往往是图腾崇拜直观的体现。汉族民间衣裳上常见的凤凰、麒麟等动物纹样便是汉族传统的图腾，它们或寓意婚姻的幸福，或寓意锦绣的前程，被视为神圣的化身。

（三）对生殖的崇拜

"多子多福"是传统中国人对家族延续、生活美满的祈盼。由此而衍生的对生存和繁衍能力的一种歌颂，便形成了生殖崇拜。

在汉族民间衣裳上的大量生殖主题纹样即是对生殖崇拜的最直接的体现，这种将生殖器图案化的表现形式"生动地反映了先民的原始生殖崇拜观念和对生命繁衍的渴望。"❷ 汉族民间衣裳上喜用多子、生命力顽强的植物花卉题材，如石榴、莲花、金银花来表达生殖崇拜，而且花卉的造型特征都是花朵硕大、花团锦簇、枝叶茂盛，给人以繁荣热闹、生生不息之感。动物图案也多用双蝶交尾、鸳鸯戏水、麒麟送子等暗喻男欢女爱、多子多福的纹样，鲜明地寄托着人们祝福家族兴旺、生命繁衍不息的美好期盼。

（四）对宗教信仰的寄托

"随着人类文明逐步形成，万物有灵转化为对一些神灵的崇拜，开始有固定的宗教仪式，有祭坛，有宗教组织的雏形，开始形成一些固定的神职巫者"❸，从而形成了宗教。在长期的传播与演化过程中，宗教思想蕴含的哲学理念也在转化吸收的过程中成为中国传统文化的一部分。吉祥观念的缘起最早可追

---

❶ [奥]弗洛伊德，图腾与禁忌[M]．文良文化，译．北京：中央编译出版社，2005：114．

❷ 张振岳，高卫东．解读惠安近代服饰纹样中的文化寓意[J]．纺织学报，2008，29（11）：104-106．

❸ 孙进己，干志耿．文明论：人类文明的形成发展与前景[M]．哈尔滨：黑龙江人民出版社，2007：58．

溯到旧石器时代，从遗留下来的彩陶艺术和祝巫文化能够证明当时具有祈祷吉利和预兆祥瑞的风气，按照《周易·系辞》的解释，"吉事有祥"，吉祥便是吉兆，先秦时期的饕餮纹、回纹、云纹、夔龙纹，以及铭文祝词也是受祭祀和祷告意识的影响。心灵手巧的中国妇女们将带有宗教意蕴的各式纹样装饰在日常穿着的服装上，希望借助神明的力量达到对生活的祈愿。因此也常会把乾坤八卦、卍字纹等绣于衣裳之上，以求神明保佑。

二、近代汉族民间衣裳上的纹样主题

随着人们生活水平的提高，近代以后的传统衣裳图案大都内涵繁杂、隐晦，宛如曲径通幽，别有洞天。其在款式造型、色彩搭配、图案装饰以及穿着方法上的暗示都使人感到"衣不在衣而在意，纹不在纹而在文"，都是力图通过彼物而达到此情，纹样、色彩等装饰成为寄托创作者意念的媒介之一（表5-1）。

表5-1　汉族民间衣裳图案中的吉祥主题与艺术表征

主题	代表元素	纹样组合
福寿双全	松、鹤、蝙蝠、桃、佛手	五福捧寿、福寿双全、三多纹样等
男女情爱	鱼、莲、蝴蝶、鸳鸯、鹭鸶、凤、龙、喜鹊、花卉、鹰、兔	鱼戏莲、鱼钻莲、蝶恋花、鹭鸶采莲、鸳鸯戏水、凤戏牡丹、凤穿牡丹、龙戏凤、喜上眉梢、喜鹊登梅等
生殖繁衍	石榴、麒麟、葫芦、孩子、葡萄、瓜秧、鱼、藕	石榴生子、麒麟送子、莲生贵子、葫芦生子、瓜瓞绵绵、花篮葡萄、鱼莲孕子、因合得藕等
吉祥富贵	如意、牡丹、鲤鱼、万字纹、八宝吉祥、暗八仙	花开富贵、刘海戏金蟾、鲤鱼跃龙门等

（一）福寿双全主题

福寿纹样体现出古人对"福"的追求，《韩非子》："全寿富贵之谓福"。福文化是中国古人受传统文化思想的影响与教育下形成的一种社会价值观，是人们追求幸福长寿的产物，具有一定的"功利性"，后又逐渐转化为审美需求的期盼。这些具有符号意义的造型、纹饰和色彩在中国几千年的灿烂文化中不断碰撞融合，植根于生活之中，依靠一双双妇女的巧手代代传承。

如图5-1所示的湖绿色绸绣福寿如意纹女褂，是传统装饰符号在上衣中运用的典型代表。此褂形制为大襟右衽，圆领直袖，衣身左右开衩，圆形下摆，领、袖、摆有缘边装饰，坠铜鎏金花卉纹扣五枚。面料以湖绿色缎为面，无里。女褂的装饰纹样分为衣身纹样和边饰纹样两大类，衣身绣有寿桃，五彩蝙蝠口衔各式吉祥图符做翩跹飞舞之状，远观大局清新明快，用色明亮艳丽，近赏细节纹饰精致细腻。衣身边饰由内至外依次为黄底织几何纹绦带、白底三蓝绣盘金花卉如意头镶边、黑素缎夹绲边三种。其工艺制作精美，纹饰造型灵动，寓意吉祥，布局疏朗有致，体现出清末民初女红技艺的高超，也体现了当时女性的内心诉求与艺术审美。

这件湖绿色缎绣福寿如意纹女褂其纹饰的加工运用添加、迭代、结合等的符号设计手法，将“桃”和“蝙蝠”这样具有并列连接性质的符号汇聚在一件女褂之中。在汉族民间服饰这一庞大的符号体系中，众多的吉祥符号虽然其具体所指各不相同，但其所指在本质上讲却未有差别，共同表达了中国人祈求吉祥和渴望幸福美满的诉求。

桃，传说为延年益寿之佳果。汉代东方说《神异经》:“东北有树焉，高五十丈，其叶长八尺，广四五尺，名曰桃；其子径三尺二寸，小狭核，食之令人知寿。”人们通过对桃的指示会意体现对长寿的追求，在中国吉祥纹样中表现得淋漓尽致（图5-2）。除去桃还有松树、蝴蝶、猫、仙鹤、寿字纹等，长寿安康可以说是中国古人最为向往的生活状态。

图5-1　湖绿色缎绣福寿如意纹女褂

图5-2　桃纹样

蝙蝠在西方被视为黑暗和邪恶的动物，在中国却有着与西方迥异的象征意义，即因“蝠”与“福”谐音而联想产生的吉祥意义。又因《抱朴

子》："千岁蝙蝠，色白如雪，集则倒悬，脑重故也。"[1] 故而蝙蝠也寓意长寿。此件清末民初女褂纹饰最大特点就是对蝙蝠纹样的创新运用，将蝙蝠作为"工具"，使其口衔不同物体，赋予蝙蝠以新含义，这种符号设计手法称为迭代。

图5-3所示为刺绣纹样"蝠在眼钱"，其中包括"蝙蝠""铜钱"两个象征符号，组合成新的纹样——"蝠在眼钱"，"蝠"与"福"谐音的同时也和"富"字谐音，"钱"与"前"谐音，寓意福在眼前和富在眼前，有一语双关之妙。

图5-4所示纹样为"蝠绶绵长"，蝙蝠口衔方胜，伴有绶带点缀，寓意福寿绵长。此纹样还运用了结合的设计手法，将绶带与蝙蝠和方胜纹联结，将单一的符号结合成为一个整体，使刺绣纹样呈现出完整饱满的符号特点。绶带，即飘带，因为"绶"与"寿"同音，故取吉庆长寿之意。绶带的加入使原有纹样趣意盎然，在布局中也增添了动感和装饰美。

图5-3 "蝠在眼钱"纹样

图5-4 "蝠绶绵长"纹样

湖绿色缎绣福寿如意纹女褂不论是款式结构还是纹饰装饰，整体上均为左右对称形式，具有统一的和谐美感，通过外在的形式美与内在的寓意美传达对美好生活的向往。

传统"三多"纹亦是中国传统福寿主题纹样的重要组成部分，其典故源于《庄子·外篇·天地》："尧观于华封，华封人祝曰：'使圣人寿，使圣人福，使圣人多男子。'"传统"三多"纹中佛手纹乃取自佛手柑与"福"字谐音；

[1] 缪良云. 中国衣经[M]. 上海：上海文化出版社，2000：4-20.

桃是神仙之果，代表长寿；石榴代表多子。“三多”纹样在图2-26蓝地缎绣福寿三多纹琵琶襟马甲前后衣片的中心位置皆有出现。前片部分的寿桃、石榴和佛手纹样聚集在前胸视觉中心部分，另佛手、石榴纹样在左腰部位起到填充作用。后片中，三多纹样主要是以三角形构图的形式对称均衡地以填充纹样的形式出现，体现较强的形式美感。前后衣片的三多纹样相互呼应，以突出体现穿着者对“子孙延绵”“福泽深厚”“长寿安康”的美好祈愿。

仙鹤纹也是福寿主题纹样中常见的元素。如图5-5所示即为梅花与仙鹤纹样搭配的组合纹样，素有“仙鹤寿千年”之称，女性常将仙鹤绣在上衣中来寓意延年益寿、吉祥长寿，围绕在仙鹤旁的是一枝梅花，梅花因其五片花瓣的造型又称为“五福花”，象征幸福、快乐、顺利、和平与长寿，梅花在民国时期被视为国花，所以此时期把梅花作为上衣纹样装饰是极为多见的。

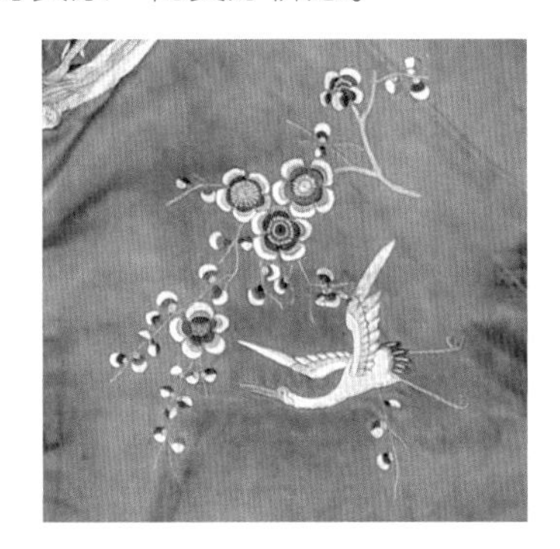

图5-5　仙鹤梅花组合纹样

（二）男女情爱与生殖繁衍主题

我国传统文化对于男女直接交往是比较避讳的，青年男女在结婚前对生殖知识几乎一无所知，故古代对男女情感生活与交流的表现一直比较隐晦，男女的相识、恋爱、情感交流等都隐喻在各种民间艺术中。如民谣云：“王小姣作新娘，赶做嫁衣忙又忙，一更绣完前大襟，牡丹富贵开胸膛；二更绣完衣四角，彩云朵朵飘四方；三更绣完罗衫边，喜鹊登梅送吉祥；四更绣完并蒂莲，早生贵子喜洋洋；五更绣完龙戏凤，比翼双飞是鸳鸯。”这些对婚姻生活的憧憬和向往都是通过衣裳上的种种纹样体现的。

以近代汉族民间衣裳为例，表现生殖崇拜和男女情爱意涵的主要有鱼纹、莲纹、石榴纹、葡萄纹、葫芦纹、扣碗纹、娃娃纹、蝴蝶纹、凤纹等，组合纹样有“蝶恋花”“蝶探莲”等，系列纹样有“凤戏牡丹”“凤求凰”“凤穿牡丹”以及“鱼戏莲”“鱼穿莲”“连（莲）生贵子”等。

蝶在情爱主题纹饰中十分常见，自古以来与蝶有关的爱情故事更是不胜枚举，最著名的当属“梁祝化蝶”“韩妻化蝶”等。在这些美丽动人传说的影响下，蝶自然成了夫妇好合的象征，使人爱之、歌之、咏之、叹之，并把它们绘制在服装、饰物上，作为祈求爱情的图腾象征物。如组合纹样“蝶恋花”，源自梁简文帝《东飞伯劳歌二首》中的诗句“翻阶蛱蝶恋花情”，蝶性恋花，春花盛开，彩蝶飞舞，正象征了夫妇和美、恩爱相偕。江南大学民间服饰传习馆收藏有“蝶恋花”纹饰的衣裳数十件，上衣的衣身和缘饰、马面裙的马面、凤尾裙的凤尾、裤子的裤脚上都有出现，其形态特别是蝴蝶变化多样，灵动活泼，色彩丰富，刺绣针法多样，如图5-6、图5-7。与之相类似的还有“蝶探莲”等纹样，“蝶”隐喻男性，花与莲寓意女子，果囊中包裹着籽核，是未来新生命的象征，寓意花开结果。

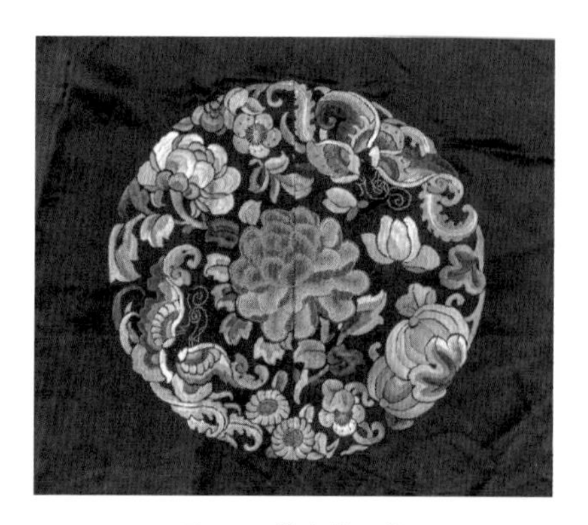

图5-6　蝶恋花团纹

图5-7　蝶恋花纹样凤尾裙

凤纹亦是情爱主题纹样的代表，衍生出了“凤戏牡丹”“凤求凰”“凤穿牡丹”等系列纹样，源于汉代大文学家司马相如为追求卓文君所弹的曲子《凤求凰》：“凤兮凤兮归故乡，遨游四海求其凰”，歌颂爱情，抒写缠绵悱恻的情感。《诗经·大雅·卷阿》中也有“凤凰于飞，翙翙其羽”的句子，说凤与凰双双振翅飞翔，喻意夫妻相随。凤凰还与古代一则美丽动人的爱情故事有关。相传春秋时代，秦穆公的爱女弄玉，生得美丽聪慧，从小就酷爱音乐，犹擅吹箫。穆公视其如掌上明珠，专为女儿建了一座闺阁取名“凤楼”，阳台取名“凤台”。一天晚上，弄玉正在凤台吹箫，忽然听到远处有箫声的应和。她忙停止了吹奏，谁知和声也停止了，只留下袅袅余音。是夜，恍惚中见一位少年郎，骑一只彩凤飞到凤台上，依石栏吹奏起玉箫。弄玉听得神魂颠倒。一曲吹罢，少年告诉弄玉，他住太华山中，便跨凤而飞。弄玉欲追，猛醒过来，原来是一场美梦。从此，弄玉茶饭不思，终于病倒。秦穆公得知女儿的病因后，立即派人去太华山寻找那位吹箫的少年。不久，派去的人果真找到了那位名叫萧史的少年，秦穆公和弄玉大喜，立即让其吹箫一曲。那少年当场吹奏，一曲未毕，凤楼白云飘飘，祥鹤翩翩，弄玉的病也马上就好了。秦穆公马上招少年为婿，从此，弄玉和萧史天天在凤楼上合奏，相互应和，夫妻恩爱。"吹箫引凤"故事千百年来一直广为流传，凤凰也因此作为夫妻恩爱、百年好合的象征而多用于婚俗服饰上。大红色马面裙上就常常绣有"凤戏牡丹"纹样，如图5-8所示，一只凤凰立在折枝牡丹花枝头，下有海水江崖纹，构图合理，色彩协调。

如图5-9是清末大红色缎绣凤戏牡丹阑干马面裙，以丝绸缎面为地，上方使用粉红色棉布拼接，是典型的婚嫁服饰，马面便是凤戏牡丹刺绣纹样，象征夫妻爱情甜蜜。

图5-8 清代马面裙上的凤戏牡丹纹样

图5-9 大红色缎绣凤戏牡丹阑干马面裙

莲花在佛教中寓意圣洁，但在民间，莲花因其可开花（莲花），结果（藕），得子（莲子），的特性，常被用来寓意子嗣连绵，家道昌盛。"鱼戏莲""鱼穿莲""连（莲）生贵子"系列纹样，源自汉乐府民歌《江南》："江南可采莲，莲叶何田田，鱼戏莲叶间，鱼戏莲叶东，鱼戏莲叶西，鱼戏莲叶南，鱼戏莲叶北。"民间有言"莲代女下体，鸟戏莲生贵子"，隐喻男女从相知相爱到结婚生子的过程。闻一多先生也曾在《说鱼》一文中说："这里鱼喻男，莲喻女，说莲与鱼戏，实等于说男与女戏。"[1] 因此"鱼戏莲"象征恋爱

[1] 闻一多. 闻一多全集：第一卷[M]. 北京：三联书店，1982：134-135.

图5-10　鱼戏莲主题凤尾裙裙片

时的缠绵场景，“鱼穿莲”寓意男女交合，“莲生贵子”则是生子延续后代。另外，民间服饰纹饰中更有将蝴蝶、凤凰与牡丹一起组成求爱场景的，“蝶探莲”“凤穿牡丹”“鱼穿莲”等暗示男女交欢延续生殖，等于展现出一个完整的生殖文化过程。其他还有“莲与鸟”“鱼与鸟”等图案，也同样是表达从男女相识、相知、相爱到结合生子的延续过程，只是不同地域使用的形态具有一定差异而已，如图5-10所示。

在古代生产力水平低下的情况下，子嗣的繁盛代表了生产的能力。有无子嗣也会对一个人的社会地位产生重要的影响，没有生育便要承受社会舆论的各种压力，会被认为前世没有积德，今世遭到了报应。[1] 因此，传宗接代是古代人民十分看重的一件事，有道是不孝有三，无后为大，可见古代人民对于生孩子并且是生儿子的看重。他们往往以对果实成熟的喜悦表达对新生命诞生的期盼，以多子的石榴和多果实的南瓜象征生殖的繁盛，如图5-11是裤腿上的生殖主题纹样，该裤腿以黑色面料为底，贴布左右各绣有石榴纹和瓜瓞纹（瓜瓞绵绵），贴布色调淡雅且左右用色相似，制作精美，石榴籽颗颗分明，瓜瓞纹理逼真。裤子缝两侧贴布绣有长寿纹，寓意长寿。

（三）吉祥富贵主题

中国人凡事讲究吉利，求吉纳福是中国的传统习俗，《周易·系辞上》：“吉，无不利”。《逸周书武顺》：“礼义顺祥曰吉”。后来，吉祥专指吉兆、歌颂之意。为了体现对“吉祥”的追求，人们将无法触摸的“吉祥”具象化，运用象征、

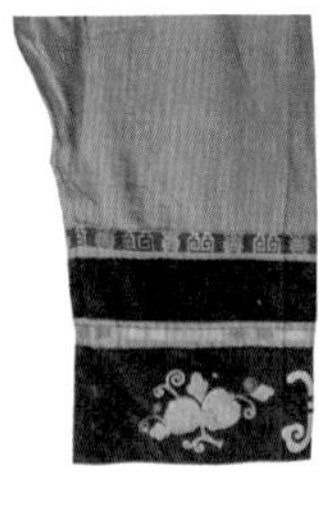

图5-11　生殖主题裤腿纹样

[1] 崔荣荣，牛犁．民间服饰中的“乞子”主题纹饰[J]．民俗研究，2011（2）：129-135．

联想、谐音等手法赋予纹样以“吉祥”的内涵，创造出具有中国特色的吉祥文化。如意纹样与吉祥文化之所以密不可分，是因为如意自传入中国之始，便是作为僧侣的法器而在中国广泛传播，具有超脱自然的强大力量，具有驱魔除恶、避邪除凶的作用，凡是法器所到之处，皆可退散邪魔，吉星高照。

如意因其“如人心意”的吉祥寓意被人民所青睐，见面离别时的一句“万事如意”更表达了对对方的最美好祝愿。如意纹样中的如意云纹是一种结构十分完美的纹样，其造型简洁，结构疏朗，形象端庄，不仅具有广泛的适用性，还具有极强的包容性。它金字塔形的基础结构，给人以强烈的三角形稳定感和结构感，既可以作为独立的装饰图案，还可以与其他纹样相结合衍生出新的寓意，在传统服饰中运用广泛。如意纹样卷曲自然的形态、繁简相宜的结构与吉祥美好的寓意，使其成为传统衣裳上最受欢迎的纹样之一。

如意纹样在服装上的表现形式主要分为两种，分别是具象如意纹样和抽象如意纹样。具象如意纹样是指完整地展示出如意的柄首与柄身，相对于细节处的纹饰表现，更着重于对如意整体造型轮廓的表达。因此，具象的如意通常作为刺绣纹样或底纹装饰在服装上，常见的有单柄如意和双柄如意。具象如意很少单独出现在服饰上，往往与其他吉祥图案交织结合，并且通过一系列的联想和比喻，表达出制作者对穿着者的美好祝愿。如小孩骑于象上，手持一柄如意，“骑象如意”就谐音成了“吉祥如意”；将狮子或柿子与如意组合，谐音“事事如意”，若加上“卍”字，便又成了“万事如意”；将戟、磬与如意组合，就谐音“吉庆如意”，包含了吉祥、喜庆与万事如意的美好愿望；将花瓶，桌案与如意组合成“平（瓶）安（案）如意”，借音述意，表达出对平安、对吉祥的向往，既烘托出图案的装饰之美，又表达出对平安与吉祥的追求。

抽象如意纹样则是提取如意柄顶端回转蜿蜒的如意柄首的轮廓造型，在此基础上创新出各种如意纹样，利用块镶或刺绣等工艺形式装饰在服装的各个部位，增加服装的层次感与价值，是近代女性衣裳缘饰中非常常见的纹样，如图5-12~图5-15。

图5-12为清末宝石蓝色如意纹女褂，女褂的大身材质为宝石蓝色毛呢面料，衣领部位的如意云头部分装饰有白色缎底平针刺绣人物花卉，并且沿着整体轮廓饰有三色细香镶。这件女褂肩部的如意装饰结合了云肩造型上的四

图5-12　宝石蓝色如意纹女褂

图5-13　女袄衣襟上的如意纹

图5-14　马面裙马面部位的如意纹样

图5-15　马面裙裙角部位的蝙蝠形如意纹样

合八方如意结构，在左右两肩与前胸后背部位分别镶有四个大如意纹样，其中胸前的如意沿衣襟走势对开。因为中国女性肩部较窄，这就在一定程度上限制了如意装饰的规格，因此在造型上就容易造成两个大如意纹样之间存在较大的空隙。因此，在相邻的两个大如意纹样空隙中插入一个大小合适的小如意纹样，不仅使得整体画面更为丰满，也使领部的装饰更具有层次感，更具有视觉感染力。此外，在女褂对襟的中间部分及两侧开衩处也分别装饰了如意的造型。

此外，宗教图案也常在近代民间衣裳中见到，如八宝吉祥、暗八仙、万字纹等也是常出现的吉祥如意纹样，表达人们期望得到神灵庇佑，敬畏神灵，并期待愿望成真的美好憧憬。“卍”字音为“万”，寓意为“放大光明、吉祥万德”[1]，在我国民间传统习俗中将连续的“卍”字纹称为“富贵不断头”，到了清代被赋予了“富贵绵长、万寿无疆”等吉祥意味，因而被广泛地用于衣

[1] 周汛，高春明．中国衣冠服饰大辞典[M]．上海：上海辞书出版社，1996：582．

裳之中。《清代北京竹枝词·续都门竹枝词》中就有“一裹元袍万字纹，江山万代福留云”的诗句。

牡丹因其花形丰满、雍容华贵向来享有“国色天香”之美誉。牡丹作为古代主题装饰纹样滥觞于南北朝，兴于唐宋，盛于明清之际。牡丹纹在南北朝时期基本是写实性为主的装饰纹样，到唐宋时期几乎涵盖了所有装饰领域，也因此呈现出各具形态特色的牡丹纹饰，既有写实也有写意夸张的造型。清代及以后纹样构图更趋成熟和灵活，在衣裳装饰领域应用也更为广泛，各种刺绣品如枕顶、荷包、帽尾、肚兜以及织物中都涉有牡丹纹样。其中以形态多样的立木形式牡丹纹出现较多。如图5-16的大红色缎绣花卉牡丹纹马面裙，其中的牡丹纹造型丰满、茎秆叶花俱全，是清代服饰中牡丹纹样的代表之作。

纵观牡丹纹在中国服饰中的历史发展，可以看出牡丹纹凭借创造者精巧的手工艺、丰富的想象力、优美的装饰艺术能力以及自身被赋予的吉祥寄寓而流传至今，因此也常有“花开富贵”的说法，不乏为追求吉祥含义将各类纹饰加以组合、变化以适应特殊审美需求的形式，如以瓶插牡丹，借喻“平安富贵”（图5-17）；牡丹海棠组合，构成“满堂富贵”之意，此外还有满堂富贵、耄耋富贵、神仙富贵等，都是对美好生活的愿景。

图5-16　大红色缎绣花卉牡丹纹马面裙（局部）　　图5-17　平安富贵组合纹样绣片

当然，无论是何种主题的刺绣纹样，“最初为增加被加工物的坚固耐磨是其目的之一，富有劳动实用价值和装饰效果，不像后来超出日用工艺之上的欣赏性产品，专为花纹的表现而成为纯欣赏性艺术品。但在民间，这种实用和装饰相结合的刺绣加工，仍然占一定比例，为儿童、劳动妇女装饰衣裙，针针线丝充满感情，向往幸福，不同于商品生产”。服饰中的刺绣起先以简朴的几何线性纹样分布于领围、大襟、袖口和衩位等处，起到保护衣沿不被磨损，加固衣身的实用目的，通过刺绣勾勒的服装轮廓线以及刺绣本身作为装饰工艺显现出服装细腻雅致的艺术特征，随着时代的进步，人们对服装的审美性需求越来越大，刺绣除了增强服装悬垂度，使服装服贴体外，刺绣纹样的丰富和刺绣面积的扩张标识着其实用性逐步让位于装饰性，达到技艺交替、互动、共生。

三、清代石青色江崖海水牡丹纹女褂的纹饰艺术

纹样装饰是清代女褂工艺中的重点，展现着当时的工艺、审美、社会等级等多个方面，此处选取一件清代女褂中的精品——石青色江崖海水牡丹纹女褂进行实物分析，旨在探讨清代女褂的纹样装饰手法与艺术内涵。

（一）女褂的整体特征

江南大学民间服饰传习馆馆藏编号为PM-G002的清中晚期石青色江崖海水牡丹纹女褂（图5-18~图5-20）系清代中晚期贵族女眷所着常服，是清代传世女褂中的一件珍品，其造型与装饰艺术亦具有代表性。其形制为圆领，对襟，平袖宽挽，左右开裾，缀铜鎏金寿字纹扣四枚。女褂整体长度为118厘米，连肩袖宽164厘米，胸围136厘米，领围36.8厘米，袖口宽40厘米，下摆最宽处达100厘米，整体上宽肥博大。衣身宽松，前后中破缝，衣肩连接，下摆加阔上翘呈圆弧状，两侧开衩，是典型的接袖结构。女褂面料以湖色素绫为里，石青色缎为面，米色缎为挽袖。

图5-18　石青色江崖海水牡丹纹女褂

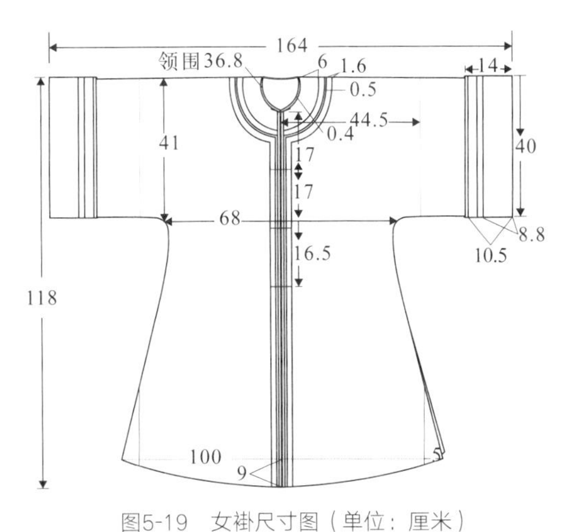

图5-19　女褂尺寸图（单位：厘米）

图5-20　女褂线描图

（二）女褂的纹饰艺术

女褂的纹饰造型生动，寓意吉祥，布局疏朗有致，做工精湛，绣技娴熟、多变，晕色自然和谐，纹饰处理细腻、生动，颇具富贵庄重之感。该女褂的衣身、下摆、袖缘、领缘、襟缘、肩部纹样各异，却在差异中形成统一风格，在展现穿着者地位的同时，表现出不同的吉祥寓意与审美情趣。

1.衣身纹饰——主次有序的变化与统一

该女褂衣身纹样以花卉与蝴蝶为主，胸前及背部主体蝴蝶、牡丹花卉纹采用散套、打籽、正戗、齐针、滚针等针艺技巧，组成“喜相逢”团纹（图5-21）作为整件服装中纹饰的核心，因其灵动的造型和美好的寓意，奠定了本件女褂纹饰艺术的基础格调。

图5-21　褂身背部“喜相逢”团纹

“喜相逢”是一种“传统图案结构形式，由‘太极’画面转化而成，基本上是利用S形构成一对变化运动的形象，表现运动、飞舞、互相呼应、回旋、顾盼的情势”[1]，其实质上是一个既充满运动张力而又安详稳定的纹样，其中蕴藏着“朴素的宇宙图式”和“对生命的歌颂”。[2]

❶ 吴山主．中国工艺美术大辞典[M]．南京：江苏美术出版社，1999：891．

❷ 付小平．论“喜相逢”的文化意义[J]．装饰，1993（3）：46-47．

蝴蝶形象在丝织物中的出现，可追溯到唐代。日本奈良正仓院所收藏的中国唐代刺绣品中，就有不少蝴蝶形象。至清代，人们在装饰纹样风格上追求精细、繁缛，蝴蝶造型更复杂，色彩也更绚丽，因蝴蝶的“蝴”与“福”谐音，有“福运迭至”的寓意，又因蝴蝶二字音似耄耋，有长命百岁之意，更加受到人们的喜爱，另外，在民俗中蝴蝶也是一种暗寓男女繁衍生育的吉祥纹样。本件女褂中的长尾蝴蝶形象造型繁复、体态灵动，是清代贵族服饰中蝴蝶形象的典型代表（图5-22）。

与蝴蝶相对应的牡丹自古就是雍容华贵的象征，其构图饱满、造型华丽，代表着身份、地位与财富，“喜相逢”纹样中的蝴蝶与牡丹有竞相追逐之感，形态自然，造型活泼，两相组合有“捷报富贵”的吉祥寓意，因此被贵族妇女所喜爱（图5-23）。而本件女褂上的蝴蝶与牡丹“喜相逢”纹样作为整件服装中纹饰的核心，也正因其灵动的造型和美好的寓意，奠定了本件女褂纹饰艺术的基础格调。

该女褂衣身部位的其他纹样皆以蝴蝶和花卉的散点式形态出现，并且左右对称，和谐有序（图5-24）。这些花卉包括牡丹、月季、芙蓉、莲花、桃花等，与蝴蝶纹组成“蝶恋花”纹样。整体上与“喜相逢”纹样在主次之间相得益彰，既有灵动的造型变化，又在颜色、形态、绣法、寓意上达到和谐统一，使整体构图疏朗有致，给人以富贵华丽、稳重大方之感。

图5-22　褂身蝴蝶纹

图5-23　褂身牡丹纹

图5-24　褂身纹样

2.下摆纹饰——等级秩序的彰显与重构

该女褂下摆纹样是清代贵族服饰中常见的海水江崖纹，福山、寿海、各色宝物、牡丹等同时出现在一个场景上，可以说是气势宏大的组合纹样。

海水之间有红珊瑚、犀牛角、铜钱等各色宝物，因此又称“八宝立水”

或“八宝平水”[1]，是以八宝及立水纹组合而成的图纹，在清代贵族服饰中非常流行。《国朝宫史》中记载皇帝后妃的锦缎朝褂、纱朝褂皆“用石青色……幅‘八宝平水’”。八宝立水，以海水围绕簇拥着寿山，各类宝物半隐半现，体现出珠光宝气的效果，并承载着人们对未来的美好祈愿。

五彩绚丽的条带状水纹装饰在女褂的最下部组成“五色立水”，红色、蓝色、绿色、黄色、青紫色等诸色组合在一起，形成五光十色的色彩视觉效果，随着服饰下摆波动，形成美轮美奂的艺术效果，被称为“五色纷纭、五色玉出、天下太平、海水江崖、八宝平水”[2]，形象千变万化，丰富之极。因此，也有专家将海水江崖纹称为“寿山福海”，在水纹中间的寿山，象征万物大地，本件女褂在寿山上面的花朵点缀也预示着万物的活力与生机。

值得一提的是，本件女褂的“五色立水”中以牡丹花点缀其中，前后各六朵，这是在清代服饰中较为少见的，从目前可考的传世清代贵族服饰中可见，这种风格主要集中在道光至同治年间，与北京故宫所藏之大红缎绣花卉纹夹敞衣[3] 较为相似。牡丹花的装饰不仅增加了原本单调的条纹状“立水”的装饰性，也使整件服饰更具富贵、端庄之气，同时此处的牡丹花纹样无论是在造型还是绣法、配色上都与衣身中的牡丹花如出一辙，增加了主体纹样与下摆纹样的协调性。

整体而言，女褂下摆纹样设色非常饱和，以鲜压鲜，以艳斗艳，整体效果鲜明夺目，富丽堂皇，始终保持着色彩的绚丽和灿烂的光辉。从八宝立水到牡丹花纹样的装饰，作为贵族服饰，该女褂的下摆纹样也承载着标志等级的作用，同时又通过牡丹纹的点缀，为原本严肃呆板的海水江崖赋予了新的生机，透射着等级秩序的庄严与新奇的律动。

3.肩部与领缘纹饰——相辅相成的结构与韵律

女褂两肩部是对称的缠枝葡萄纹样。葡萄纹是中国传统文化中广泛流行的一种吉祥装饰纹样。唐人施肩吾诗云：“夜裁鸳鸯绮，朝织葡萄绫。”早在唐朝葡萄纹便是服饰纹样中的一个重要组成部分。缠枝是以一种藤蔓卷草经提炼变化而成，又名“万寿藤”，寓意吉庆。因其结构连绵不断，故又具“生

---

[1] 中国文物学会专家委员会．中国文物大辞典（下册）[M]．北京：中央编译出版社，2008：917．

[2] 曹霞．晚清满族云纹、水纹图形研究[J]．美苑，2007（5）：89-90．

[3] 张琼．故宫博物院藏文物珍品大系——清代宫廷服饰[M]．上海：上海科学技术出版社，2006：195-196．

生不息”之意。缠枝葡萄纹样中以缠枝卷叶将主体葡萄纹样衬托，起到突出主体、宾主呼应的效果。加之葡萄枝叶蔓延、果实累累，带有五谷丰登的寓意，而葡萄在配色中以白色作葡萄粒、红色作葡萄籽，色彩上突出了葡萄多子，这也贴合了人们祈盼子孙绵长、家庭兴旺的愿望。该女褂左右各三串葡萄散落在肩部（图5-25），缠枝造型曲蔓悠长，从肩部顺势垂落，这正是纹样选择与人体曲线完美结合的典范，体现传统服饰中纹样设计的精巧，也使整件服饰充满兴旺、绵长的寓意。

同时，两边缠枝葡萄的造型也起到烘托领部装饰的作用，该女褂领缘为蝶恋花纹样（图5-26），领缘左右对应的两只蝴蝶似乎穿行于三蓝绣的梅花、玉兰、月季等各种花卉之间，构图生动自然又极富韵律。素雅的色调既不与衣身图案相冲突，又在主题上与整体服饰相呼应。在女褂的整体布局中起到中和色彩的作用，使整体图案协调雅致。在主题纹饰之外，又加以黑色绸缎和彩色织锦饰边，更好地突出了领部纹样。

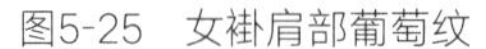
图5-25　女褂肩部葡萄纹

图5-26　女褂领缘蝶恋花纹样

整体上，该女褂的肩颈纹样可以说是在顺应人体结构的同时达到了服装装饰的和谐与均衡的目的，同时两处纹饰的色彩皆以素雅为主，尤其领缘三蓝绣的蝶恋花纹样晕色自然和谐，纹饰处理细腻、生动，既不会压制主体纹样，又增加了整体服装的富贵庄重之感。

4.挽袖纹饰——方寸之间的精巧与富丽

挽袖是清代妇女上衣袖口的刺绣装饰，起源于乾隆时期，到了清晚时期尤其注重对袖口的装饰，通常衣袖装饰在两道以上[1]，通常袖筒宽松，阔有尺

[1] 张露，闫夏青，张竞琼．近代民间女袄的衣袖形制与结构研究——以江南大学民间服饰传习馆相关馆藏为例[J]．装饰，2013（11）：116-118．

余，集合了镶、滚、绣、贴等多种工艺。袖里与袖面的颜色反差较大，穿着时将袖端挽起半尺（16.7厘米）左右，袖里的精美刺绣呈现于外。❶

本件女褂挽袖由三道饰边组成，分别是以米白色锦缎为地的刺绣饰边、五彩织锦花边和三蓝绣蝙蝠花卉饰边。

以米白色锦缎为地的主饰边上为绣锦地开光纹样，自上而下依次布局，主要位于挽袖后幅的长条形构图如画幅一般展开，随穿者抬手动作可完整展现（图5-27）。这主要是由于古时妇女着装后在仪态上常将两手交握平端于胸前以示端庄，此时位于袖口后幅的图案自然向前显露出来，这也充分体现了古人制作服饰时合理利用装饰部位，不浪费一针一线的节俭意识。❷这种开光纹样也是“受到清代木刻版画的影响，打破写实的空间、时间，代以平面、散点的方式，将人物、建筑、自然景致等呈现在同一个视觉空间中”。❸

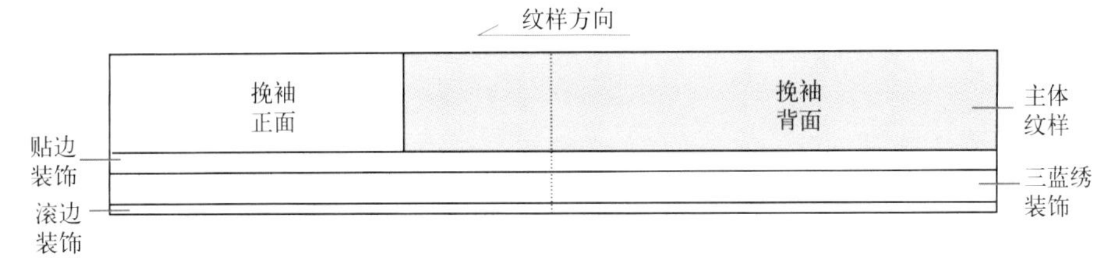

图5-27　女褂挽袖展开布局图（右）

纹饰内容主要以繁密的盘金卍字纹做四方连续底纹，间饰蓝色五瓣小花，以此为地来衬托三组开光窗口内的组合纹样。卍字纹以金线盘就，更彰显了富贵吉祥的寓意，而中间点缀的蓝色五瓣小花则在端庄富贵之间加了一抹柔和之色，中和了铜臭之气，不仅与女褂的花卉主题相得益彰，也增添了柔美与娴静。

其中，该女褂右手边袖缘纹样的中部又夹杂着一组盘金绣外方内圆组合的四方连续几何纹样，道家认为，方为阴、圆为阳，方为地、圆为天，本意是天圆地方之意。外方内圆，天地合一，加穿衣之人即是天地人三才之道。这组纹样同样以蓝色五瓣小花点缀其中，可以看作是整体挽袖底纹在变化中寻求的统一、和谐之美（图5-28、图5-29）。

❶ 读图时代．图说清代女子服饰[M]．北京：中国轻工业出版社，2007：98．

❷ 高丹丹．汉族传统服饰吉祥纹样装饰艺术研究——以晚清玫红缎五彩绣十二团窠盘金如意饰边女袄为研究对象[J]．艺术设计研究，2015（3）：45-50．

❸ 汪芳．衣袖之魅——中国清代挽袖艺术[J]．美术观察，2012（11）：102-106．

图5-28　女褂挽袖纹样（左）

图5-29　女褂挽袖纹样（右）

左右袖缘开光内各有三组组合纹样，其中右手边为上下两组相异的“蝶恋花”纹样与中间一组“孔雀花卉”纹样，左手边为上下两组相异的“庭院”纹样，与中间一组“孔雀花卉”纹样。两组孔雀纹样遥相呼应，看似对称，实则有些许变化，左手边孔雀目视前方，而右手边的孔雀则回眸远眺。两组纹样同中有异，显得生动而不呆板。孔雀，俗称“文禽”，神话传说中孔雀有“九德”，清代除在官服补子中用孔雀纹外，也常将孔雀象征爱情，或将孔雀与花卉组合，称“百花孔雀”，象征富贵幸福。本件女褂袖缘纹样中的孔雀开屏，正是以花卉相搭配，体现女褂主人对幸福生活的美好希冀。

女褂右手边上下两个开光中的“蝶恋花”纹样为彩蝶于花丛中飞舞，与衣身、领口纹样遥相呼应，搭配十分和谐。左侧上下两组开光中的彩绣庭院景物纹样，画面里小桥流水、亭台楼阁，松柏、花卉点缀其间，清净雅致、宁静自然，与右侧开光中的“蝶恋花”纹样相比一开阔一细微，各见风情，相映成趣。

女褂挽袖的外延是一道约3.5厘米的打籽三蓝绣饰边，纹样为蝙蝠与菊花、玉兰等各式花卉，以中国民间服饰中常见的蝙蝠纹样搭配百花，是寓意福寿满堂的典型组合。在米色主饰边与三蓝绣饰边之间的是一条1.7厘米的五彩织锦花边，内容以假山、凉亭为主，与主饰边相呼应。

纵观整个挽袖，虽然宽度不过14厘米，却集合了打籽、盘金、平针、戗针等各种技法，融合了富贵、福寿等各种美好寓意，以及动物、植物、景物、几何等各类图案，可谓是方寸之间得见清中晚期贵族女装纹饰之富丽堂皇、女红技艺之精妙绝伦。

（三）女褂的纹饰艺术内涵

“服饰，既是人类文明的产物，又是人类文化的重要载体。作为文明的产物，不同时代、不同地域、不同民族的服饰，都既需要满足人类调节体温、保护身体的基本生理需求，又要满足人类彰显社会地位、调节社会关系、寻求情感慰藉的次生社会需求；作为文化的载体，这就涉及关于服饰与文化的交融问题。”[1] 作为清代中期以后中国女性的主要礼服形式，女褂不仅体现其作为女性外衣的物理属性并延续着中国传统服饰的造物文化，其纹饰也承载了更多审美性和功能性的要求，成为展现穿着者社会、文化品位的载体。

1.展现韵律和谐的装饰之美

清朝女性为了掩饰自己的身材曲线，追求着装达到一种平面式的美感。女褂整体上体现了这种“十字形，整一性，平面体”[2]的结构经典，衣身和袖子左右对称，庄重平稳中略显保守单调。但是却特别注重在平面上对图案、纹样的布局，其工艺装饰形式多种多样，通过对纹饰的造型及疏密布局达到韵律变化，给人们带来丰富的空间感与韵律感，即所谓一马平川也可风光无限。

清代中期以后由于华丽繁复衣风的影响，女褂自产生之初便注重装饰技艺，四平八稳中透着端庄富贵是心灵手巧的女子一直在追求的目标，她们通过模仿、转换、联想、组合、夸张、类比等艺术手段，运用印、染、织、绣、贴等民间手工技艺将层层镶滚和繁复的纹样表现于女褂之上，因此我们今天才能看到如石青色江崖海水牡丹纹女褂这种汇集多种装饰手法而形成的女性服饰珍品。

2.展现富贵吉祥的精神诉求

清代的服饰纹样被赋予了更多民俗意义，中华民族富有独特内涵的纹饰文化也由此定型。因此，随着人们生活水平的提高，到了清代中期以后的传统服饰图案大都内涵繁杂、隐晦，宛如曲径通幽，别有洞天。其在款式造型、色彩搭配、图案装饰以及穿着方法上的暗示都使人感到“衣不在衣而在意，

[1] 陈炎．陈炎自选集——关于文明与文化地概念及相互关系[M]．桂林：广西师范大学出版社，2002：4-13．

[2] 陈静洁，刘瑞璞．中华民族服饰结构图考汉族编[M]．北京：中国纺织出版社，2013：309．

纹不在纹而在文”，都是力图通过彼物而达到此情，纹样成为寄托创作者意念的媒介之一。[1]

如上述女褂中的喜相逢纹样、江崖海水纹样等，通身透着富贵祥和；其他民间女褂中还往往装饰有代表如意吉祥的云肩纹、如意纹等，都是对生活如意、幸福的祈盼；另外，传统女褂大都以美丽的鲜花作为基本的图形，无论是代表雍容华贵的牡丹、清冷典雅的梅、兰，亦或是月季、芍药、玉兰等，其主题都是以表现“美丽”“富贵”“吉祥”为前提，这几乎成为女褂纹样上不变的主题。

3.展现“人靠衣装”的社会心理

在封建国家的服饰体系中，“服饰作为一种特定的文化符号，象征着特定的地位与身份”[2]，如果说服饰是一种用以表达个人在社会中的角色与地位的语言符号，而纹饰则是其中重要的传达媒介。

作为更偏重社会功能的礼仪服饰则尤为讲究，清代女褂从制作的精细、装饰的繁复、图案的构思等都在传达一种视觉和情感符号，是展示社会地位的重要载体。如同样款式的女褂有精致、有粗朴；有满绣、也有仅在领缘、袖缘做简单装饰的。再如江崖海水纹是典型的贵族纹样，平民不能擅用；松鹤延年纹饰的女褂多为长者穿用，年轻女性不能擅用；而龙凤纹则更是皇家之专属……这些都可在视觉层面直观地传达出穿着者的身份。因此，在我们研究石青色江崖海水牡丹纹女褂时便可通过八宝平水、喜相逢团纹等初步断定其穿着者的身份，而我们也有理由相信在百余年前，本件女褂的穿着者亦是通过这些纹样来展示着自己的社会地位。

纹饰是清代女褂的重要组成部分，心灵手巧的传统女性一针一线地在“一马平川”的平面造型上绣出动静相宜、饱满充实、对称构图的纹饰艺术，以及彰显等级与精神诉求的各色吉祥纹样组合，这些纹饰不仅展现出作为礼仪服饰女褂的功能性与艺术性，更体现出了当时女性的审美诉求与艺术品位，是研究清代礼仪服饰的重要媒介与窗口，对其深入的分析与研究有助于我们更好地挖掘中国传统礼仪文化，扩展对中国传统服饰文化的理解与认知。

---

[1] 周利群．立意尽意以意造型——论传统服饰图案的精神性体现[J]．美术大观，2009（10）：67．

[2] 王玉琼，刘力．试论晚清之际衣冠之制的弱化——以清末服饰文化革新为中心的探讨[J]．宁夏社会科学，2009（7）：130-138．

第二节　近代汉族民间衣裳的缘饰

衣服缘饰是指装饰在服装上的条带状花边，常以线的形式展现，多是沿着上衣的衣领、门襟、衣袖、下摆及开衩处等边缘性轨迹进行装饰，通过其粗细、长短、曲直的变化，在视觉上给人以引导作用。清代以来女性衣裳极重缘饰，在装饰的部位、宽窄的变化、层次的变化、厚薄等方面均力求以巧为上，以妙取胜，制作规范、工整、细腻。这从大量的传世实物中可以得到印证，反映出了各类装饰工艺技法的多样性。

一、近代汉族民间衣裳的镶边装饰

镶边工艺是缘饰常使用的装饰工艺，起到增加衣服牢度、美化衣服边缘的作用。近代民间女装通常在门襟、衣袖、衣衩、裙摆、裤脚边等部位的边缘以“线”的形态拼缝一条或几条裁剪的布边条，被拼缝的布条不论宽窄都称作镶边，主要分为镶拼和镶贴、镶嵌三种形式。如图5-30为民国时期江南地区大襟蓝布女袄，此袄展现出细致的镶边工艺，按照服装平面结构的造型，将黑色的条状拼接布与蓝色的衣身布通过平缝的制作工艺连缀在一起，镶拼的线条形态和数量主要根据传统服装装饰的设计而定，按照袖口和下摆直线式的廓型镶拼黑色的直线镶边条，在领口部位拼接曲线式的镶拼条，撞色的拼接以及黑色线条粗细和曲直的变化，形成富有层次感的“线”饰。镶贴主要有边条镶和条镶，边条镶用于服装的外边缘，一边与下层面料缝合一边

图5-30　民国大襟蓝布女袄

图5-31　清代女马甲

图5-32　民国褐色棉布女袄

直接覆盖在底层面料上，条镶一般与边条镶配合使用。如图5-31清代女马甲门襟和下摆处有一个宽的边条镶和一个窄的条镶，远观每个镶边条都以规律的折线呈平行式排列，近观每个镶边条的装饰内容都十分精致，条镶的线条内容主要是散点式排列的花卉纹，内容的纹样符合构成线的外观形式，色彩的搭配也比较协调，使得服饰的“线”饰十分精致。镶嵌一般出现在立领的领片中，有时结合镶、滚等工艺用于衣襟和下摆边缘等部位，细条状的夹线嵌条夹缝在两个衣片之间，如图5-32女袄通过嵌的工艺使接袖的直线和门襟部分的曲线更加平滑、圆顺，与面料颜色不同的黑色和黄色嵌条在视觉上形成了凹槽式的装饰效果，镶嵌的工艺可以使服饰领围、衣襟处的线条更加饱满、硬挺，具有立体感。

镶边最初用以增加衣服牢度，发展至清中晚期广泛应用于服装制作中，成为妇女、儿童服饰的必备装饰。图5-33（a）所示褂的对襟上镶边纹样用浅色花边的形式点缀于黑色对襟两侧，对比强烈，纹样放大图如图5-33（b）所示，以二方连续为主要表现形式，以长寿纹和仙鹤纹间隔分布，排列规则，织造工艺细腻，内容丰富。

汉族民间服饰中袄褂衫上的大襟多采用如意云头形制，黑色如意云头周围用各式纹样花边装饰，图5-34的袄以蓝色面料为主，做黑色如意云头形大襟，大襟边缘用桃红色万字纹瓜瓞绵绵花边装饰，色彩冷暖对比强烈，在整件衣服中起点睛作用，这说明了二方连续纹样在衣裳镶边中重要的装饰和审美价值。

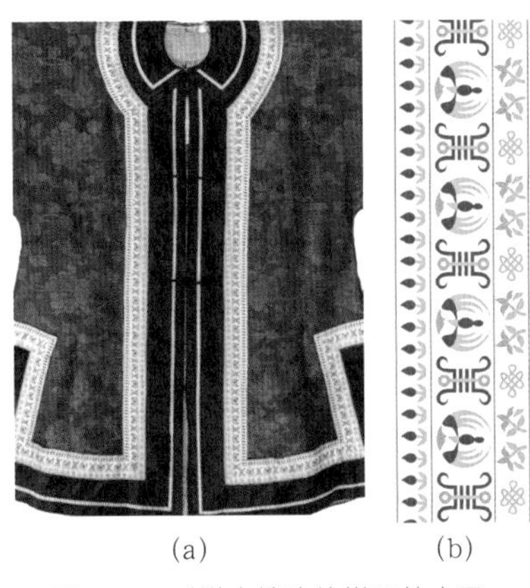

(a)　(b)

图5-33　对襟上镶边纹样及放大图

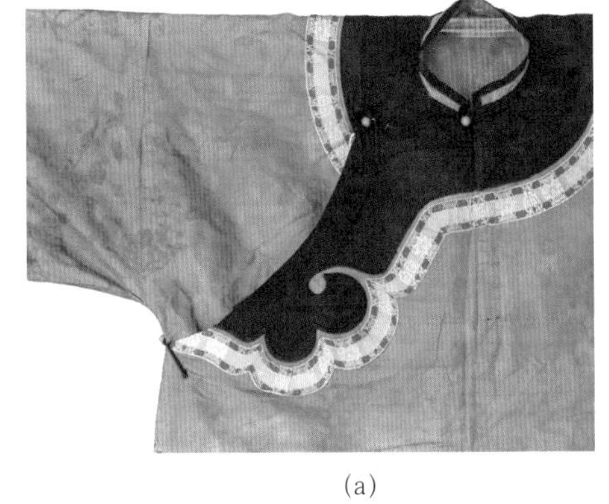

(a)　(b)

图5-34　大襟上的镶边纹样及放大图

二、近代汉族民间衣裳的滚边装饰

滚边，古称“绲”，是一种用斜丝络的窄布条把衣服某些部位的边缘包光，并以此来增加衣服美观的传统缝制工艺。除了有可以使衣物边缘光洁、增加衣服牢固的实用功能外，还可以通过利用不同颜色的布帛滚边起到加强装饰的作用。利用滚边这一装饰工艺，可为中国传统女装增加独特的韵味。它的特点是衣服的表面和反面都可以看到滚条，使衣服边缘光洁、牢固，适合任何弧度的造型。

按滚边的宽度不同可分为细香滚、宽边滚、阔滚三种类型。细香滚是女装滚边中最狭窄的一种滚边，0.2厘米左右，细香滚边缝制好后滚边呈圆形，像一根细香。宽边滚的宽度在0.5~1厘米。阔滚的宽度在1厘米以上。如图5-35中女袄大襟边缘的滚边即为细香滚，图5-36中女袄衣领部位为宽边滚，大襟、领圈和侧缝部位均为阔滚。

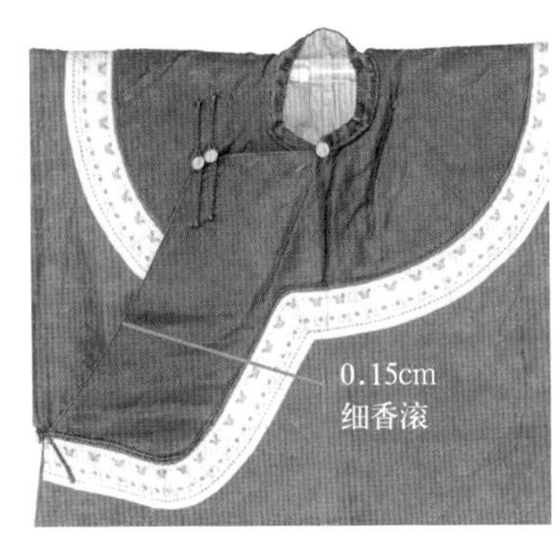

图5-35　细香滚

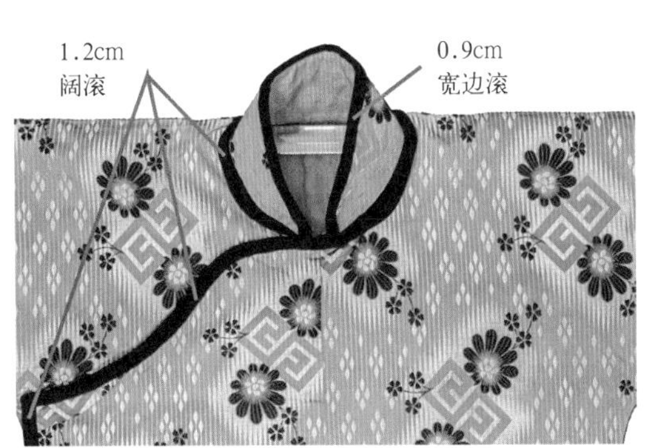

图5-36　宽边滚、阔滚

按滚边的布条数量又可将滚边分为单滚边和多滚边两种类型。单滚边是指服装缘饰部位的一道滚边，其宽窄不一，有细有宽，滚边可以是纯色的，也可以是混色的。多滚边是指服装缘饰部位有两道或两道以上的滚边重叠排列，多条滚边的色彩搭配也是多种多样，可以全部相同，也可全部不同。如图5-37、图5-38所示分别为双滚边和三滚边，且各滚边颜色相同，宽窄一致。

图5-37　双滚边

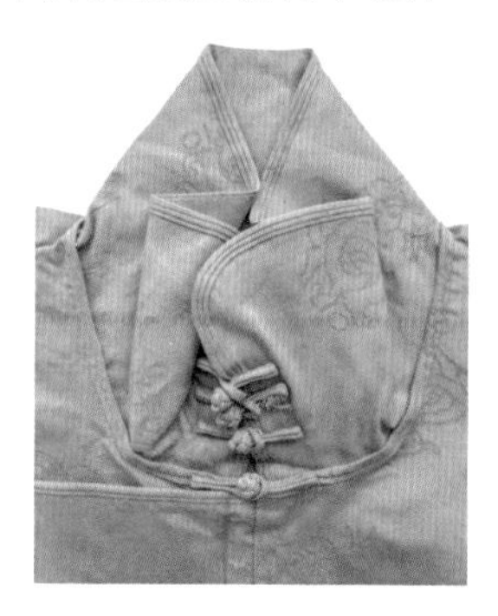

图5-38　三滚边

其他分类形式还有：按滚边形状不同可分为扁平状和圆形状两种类型；按颜色不同可分为单色滚、双色滚、多色滚三种类型；按滚边所用材料和颜色分类，可分为本色本料滚、本色辅料滚、镶色滚；按滚边的手缝工艺线迹形式分类，可分为明线滚、暗线滚。

滚边是针对服装边缘的一种常用的装饰工艺手法，与在近代汉族民间衣裳中的应用存在着一定的共性关系。对江南大学民间服饰传习馆衣裳上的滚边进行研究，将所研究的637件具有滚边装饰的衣裳分为四大品类，其统计结果如表5-2所示。

表5-2　各女装品类中滚边装饰汇总表

品类	总数/件	滚边/件	占比/%	主要装饰部位	类型	面料
袄、褂、倒大袖	346	190	54.9	领圈较多，领口、大襟、袖口、底摆、开衩、侧缝	细香滚、宽边滚、阔滚、单滚边、多滚边、镶滚、嵌线滚、滚边加嵌线	丝绸、棉布、织带、绒布
马甲	53	28	52.8	领圈、领口较多，袖窿、门襟、全部边缘	细香滚、宽边滚、阔滚、单滚边	丝绸、棉布

续表

品类	总数/件	滚边/件	占比/%	主要装饰部位	类型	面料
裙	173	52	30.1	凤尾裙的飘带、马面裙的边缘和底摆	细香滚、宽边滚、阔滚、单滚边、嵌线滚	丝绸
裤	65	5	7.7	裤脚	宽边滚、阔滚、单滚边	丝绸、棉布

从表5-2可以看出：滚边装饰主要位于衣裳的领缘、袖缘、襟缘和摆缘等缘边部位，上衣和外衣中的滚边应用更广泛且滚边形式更多样。汇总起来滚边的类型有细香滚、宽边滚、阔滚、单滚边、多滚边、镶滚、嵌线滚、滚边加嵌线、花鼓滚。滚边的面料主要是以丝绸和棉布为主，因为选用极富弹性而又柔软的绸缎面料，做出的滚条有立体感。除此以外其他可以做面料的材料都可以作为滚边面料使用，只是在功能性和装饰效果上不及前两种。不同的面料搭配使用，要求质性统一协调，即滚边要与服装造型、材质、色彩相协调，才能达到“锦上添花”的装饰作用。

三、近代汉族民间衣裳的嵌条装饰

嵌，指把较小的东西卡进较大东西上面的凹处[1]，在服装中，是指把条状装饰织物夹入两块面料之间的装饰工艺，即把滚条、花边等卡缝在两片布片之间，形成细条状的装饰。嵌的工艺装饰有单线嵌、双线嵌、夹线嵌等形式。

单线嵌，指两块布片之间嵌一根嵌条，如图5-39（a）所示，黑色镶边内侧嵌有一条白色嵌条，色彩对比强烈。

双线嵌，指两块布片之间嵌两根嵌条。这两根嵌条有众多不同的嵌线方式，宽窄不同、内部是否夹线以及颜色搭配等参数的变化，组合成的双嵌线都会表现出不同的装饰艺术效果，如图5-39（b）所示，灰色面料与镶边之间搭配了黑色和米色两条嵌条，凸显了本色本料镶边的立体感。

夹线嵌，指在嵌条内夹有蜡线或粗棉线，以增加立体的装饰效果。

[1] 中国社会科学院语言研究所词典编辑室．现代汉语词典[M]．5版．北京：商务印书馆，2005:1093．

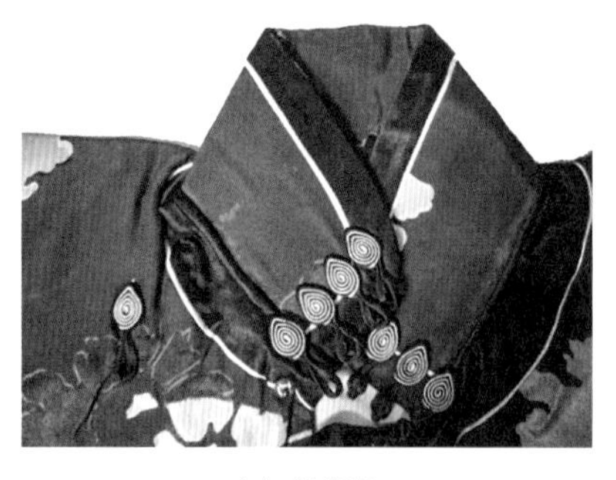

（a）单线嵌

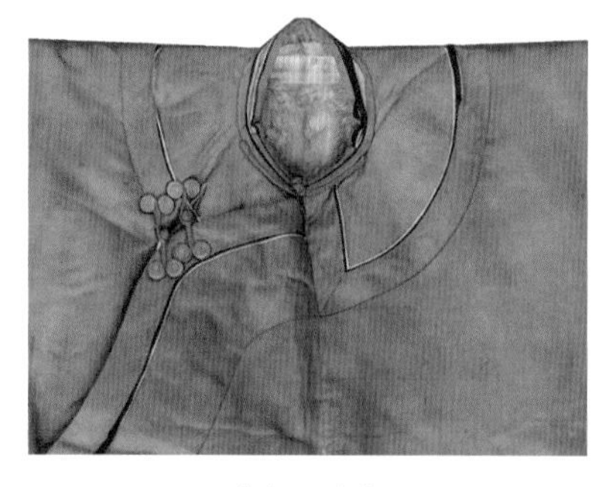

（b）双线嵌

图5-39 嵌条装饰

近代衣裳中运用嵌的工艺相比起来没有镶的工艺那么频繁，通常与镶、滚等装饰工艺并用，装饰于衣襟、下摆、两侧开衩等部位。

第三节 近代汉族民间衣裳的扣饰

衣扣是服装开合位置的主要连接方式，也是衣襟连接的主要形式。伴随着西风东渐的影响，近代女性上衣采用的衣扣种类也变得多种多样，成为服装上的重要装饰。

一、盘扣

盘扣，是中国传统服饰独特的装饰工艺，用来连结衣襟或装饰。中国传统服装的系合主要用绳或布襻条打结而成，因扣方便实用，故在元明之后一改自古以来系带的习惯，成为连结衣襟的主要形式，且扣下的襻条越留越长，用以盘成各种花样，于是又有了“盘扣”一说。[1] 盘扣基本结构是由扣头、扣襻和扣花组合而成。扣头、扣襻连在一起，主要在于材质的区别，可发挥其功能作用，而扣花形式多样，起到美化装饰作用。

[1] 谢诩暄．女上装实例研究[D]．上海：东华大学，2005：53-57．

按照扣头材质，可分为葡萄纽头、蜻蜓纽头、铜疙瘩扣、玻璃疙瘩扣、陶珠扣等。葡萄纽头和蜻蜓纽头都是采用布料作为扣头材料制作而成的，其形态相似，主要区别在于盘结圈数不同。葡萄纽头多用于薄料制作，盘结圈数较多，工艺较复杂；蜻蜓纽头多用于厚料制作，盘结圈数较少，工艺较简单。如图5-40（a）~（c）所示的分别为近代衣裳中所采用铜、陶珠、塑料等材料制作的扣头。近代少数官宦和有钱人家还会使用一些宝石或贵金属作为扣头材料。

按照扣花形状，可分为直纽和花纽。所谓直纽就是扣花在扣襻的基础上延伸成简单的直盘条，如图5-40（a）所示的就是典型的直纽。直纽由于制作相对简单，且样式百搭，因此成为应用最为广泛的一种盘扣形式。花纽就是盘纽的扣花部分盘绕形成各式各样花型的花纽。花纽没有固定的尺寸，它的造型多种多样，题材多为仿真的花鸟鱼木、字体等形象，如石榴纽、桃子纽、兰花纽、波折纽和叶子纽等。近代衣裳中常用的花纽包括琵琶扣、四方扣、孔雀扣、花篮扣、蝶扣、蝶恋花扣等，图5-40（d）是孔雀开屏扣，用布条盘出轮廓，内部镶嵌珍珠，造型精美。图5-40（e）是佛手花扣，两边对称的佛手花造型中间各有一条垂穗装饰，飘逸灵动，寓意福寿安康。

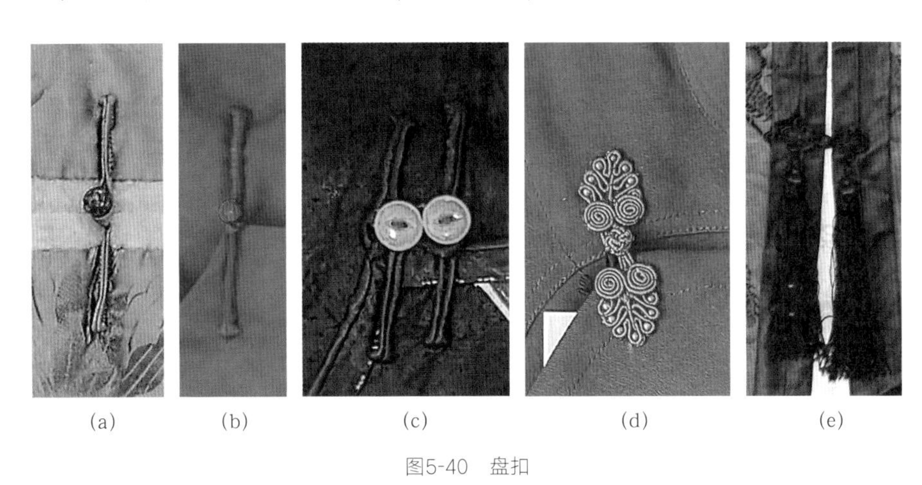

(a)　(b)　(c)　(d)　(e)

图5-40　盘扣

根据对江南大学民间服饰传习馆内的服饰统计，近代衣裳中的盘扣主要有轴对称形式、中心对称形式和非对称形式三种。

近代衣裳中绝大多数盘扣都是采用的轴对称构成形式。轴对称形式的盘扣是指扣襻和扣花部分沿着扣头中点的垂线对折后两部分可以完全重合的盘

扣类型。部分轴对称盘扣除了左右两边的扣花图形完全对称以外，其每个扣花图形上下两侧也是完全对称的，这种形式又称为“全对称形式”。四方扣、蝶恋花扣、蝴蝶扣，均是轴对称形式。这种形式的盘扣符合中国传统服饰的“对称”“均衡”的审美取向，给人以朴实、端庄的视觉感受。

如图5-41~图5-43所示分别为蝴蝶扣的实物图、结构图和简化示意图，该蝴蝶扣简化形状为不规则五边形，其对称形态可一目了然。

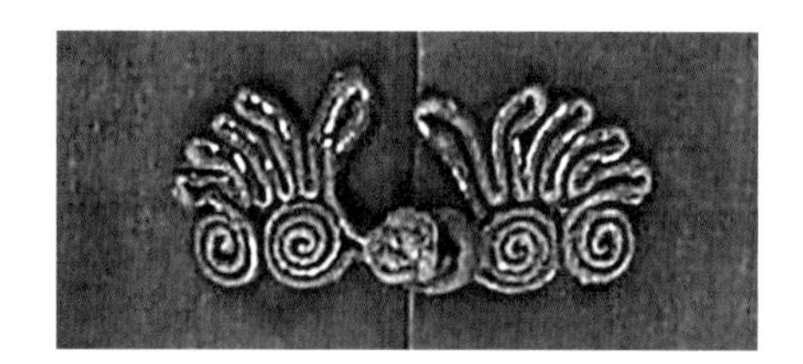

图5-41　轴对称式盘扣实物图

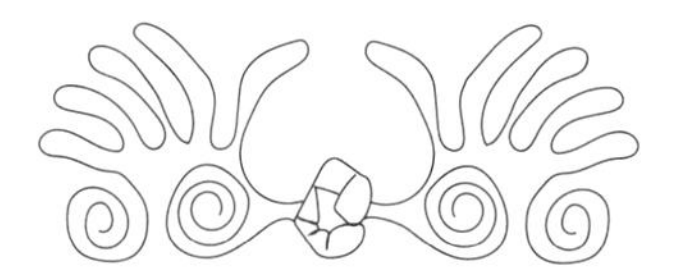

图5-42　轴对称式盘扣结构图

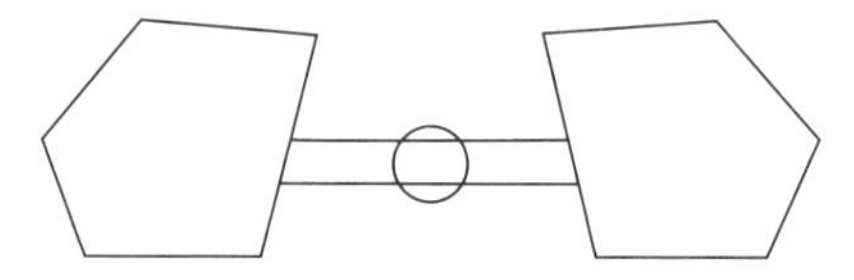

图5-43　轴对称式盘扣简化示意图

近代衣裳中只有少数的花扣采用的是中心对称的构成形式。中心对称形式的盘扣是指把一侧的盘纽绕着扣头中点旋转180°，能够与另一侧完全重合的盘扣类型。如图5-44所示的花卉盘扣就是典型的中心对称形式，这种形式的盘扣左右两边扣花大小一致，均衡美观，统一之中又富有变化。如图5-45、图5-46的中心对称式盘扣的结构图和简化示意图可见，盘扣线条缠绕的方向也是对称形式的一个重要决定因素。

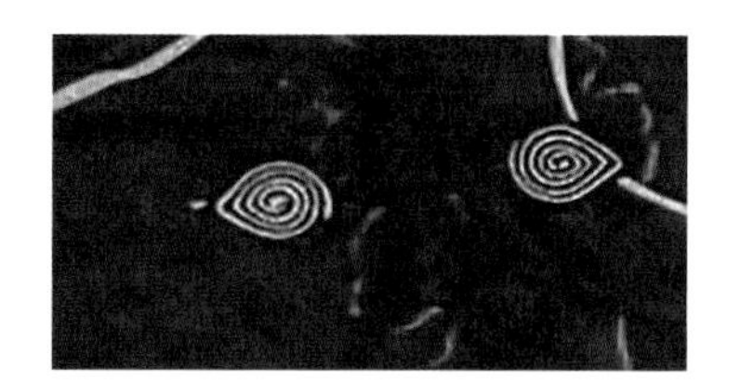

图5-44　中心对称式盘扣实物图

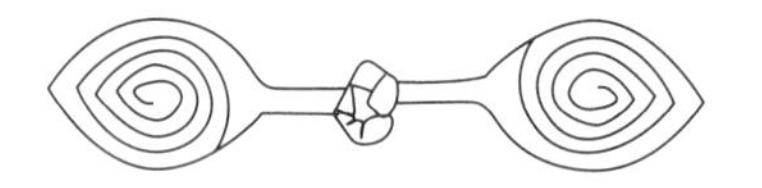

图5-45　中心对称式盘扣结构图

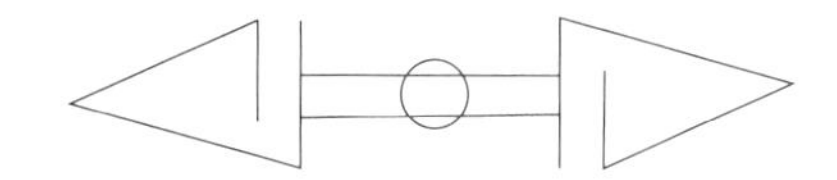

图5-46　中心对称式盘扣简化示意图

近代衣裳中极少数盘扣会采用非对称的构成形式。非对称形式的盘扣是指扣花部分左右两侧的图形不对称的盘扣类型，通常主扣花造型夸张，以副花衬托主花。这是民国初期受西方先进思想影响下，出现的张扬个性、解放思想的特殊构成形式。如图5-47~图5-49所示为“一大一小”组合的非对称形式盘扣，主花夸张，副花内敛，装饰华丽。

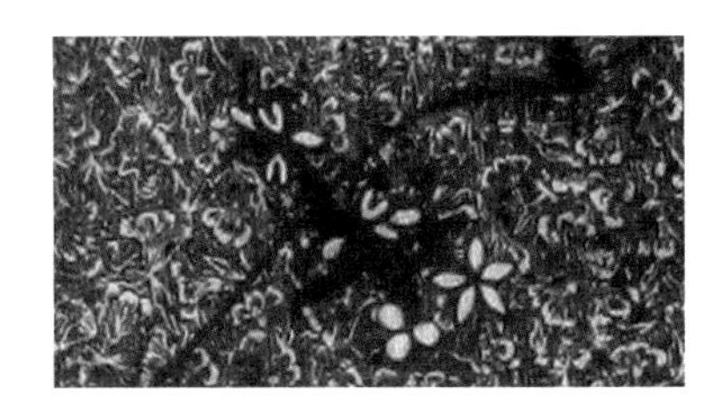

图5-47　非对称式盘扣实物图

图5-48　非对称式盘扣结构图

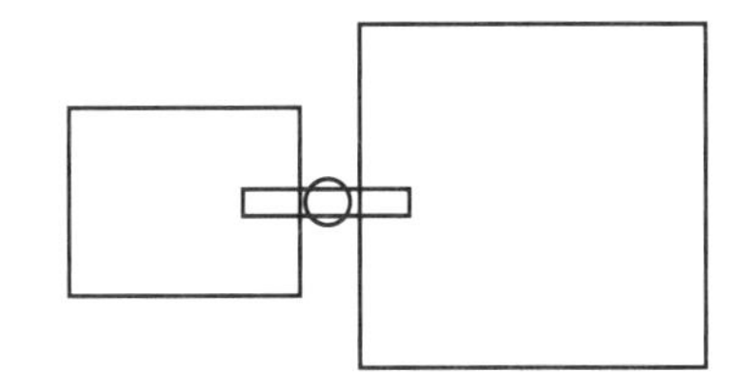

图5-49　非对称式盘扣简化示意图

盘扣主要分布在中国传统上装的领口、大襟、腋下、衣衩口等部位，盘扣花型与其在衣裳上的位置有关，一般是每处一颗，但也有服装为了达到需要的装饰效果，会在领口、大襟部位装饰二至三颗。腋下到衣衩处的纽扣数量通常根据服装的类别和款式而定，一般在二至五颗不等。盘扣在裙装中也经常被用在裙腰部位，以实用功能为主，两片式马面裙中一般每个裙片上会有两颗盘扣代替系带固定裙腰。

二、其他扣饰

近代，西方的纽扣逐渐出现在上衣中，西式纽扣不同于盘扣的成对出现，它是纽扣与扣眼的搭配。同样作为点状的装饰，传统盘扣所展现的是手工制作的精致与含蓄，而西式纽扣所展现的是一种灵动的现代感，这种应用于上衣中的新式纽扣制作简洁，但缺少了盘扣的典雅美。各式塑料、金属、铜扣等材质的西式衣扣应运而生。如图5-50所示，就是在一件浅色的棉麻质地倒大袖上衣中，使用白色塑料质地的纽扣。

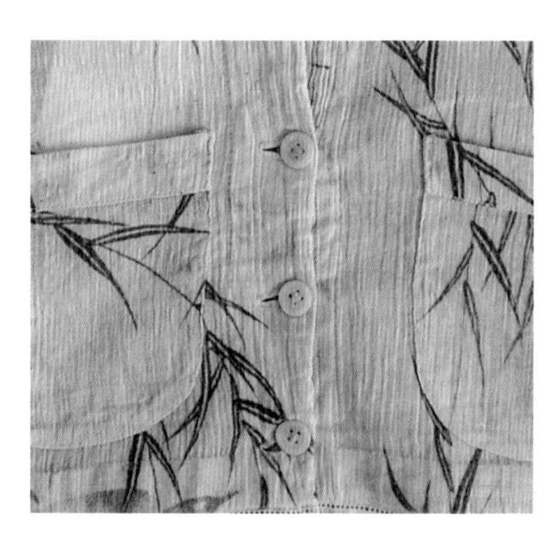

图 5-50　塑料纽扣

西方的揿扣，又称子母扣，因这种衣扣不会显露在衣料之外，从而不破坏衣服的形式美，此外还能连接上下衣片，使衣服帖服并保持平整，如图5-51所示即是在上衣的衣领处缝制的一对子母扣，隐藏于衣领里面，保证了质地柔软的面料在领子处能更加的贴合有型。图5-52所示的是在上衣衣摆右侧底部的侧缝处缝制有一对子母扣，因该件上衣下摆左侧无开衩，为保证上衣衣摆右侧与之保持平整，故在此处缝制一对子母扣，与显露在外的盘扣结合使用，保持上衣的美观性。此外，搭扣也常作为扣合辅料应用于上衣的衣领处，如图5-53所示，其特点是方便、隐蔽性好，多使用在衣领领口处。

图5-51　衣领处子母扣

图5-52　侧缝处子母扣

近代女性上衣的衣襟与衣扣的搭配方面，西式的纽扣、暗扣多搭配对襟的上衣衣襟造型，而传统盘扣常搭配大襟与偏襟等衣襟款式。盘扣与纽扣在运用中同样具备扣合实用性和装饰性两种形式，但两者相比又有不同。从质地上看，盘扣的盘条多为布料，质地柔软，而西式纽扣的质地较硬，呈扁平状；从制作工艺上看，盘扣的制作工艺需要手工制作，工序复杂且工艺繁复，而纽扣则是由机器制作，相比更为节省人力，制作较为简单。上衣盘扣的位置通常设在上衣领口处，右衽大襟处、斜襟处、腋下、侧缝衣摆处，多见的是每处一粒，侧缝开衩处依据上衣廓型款式而定，此外也会有每处两粒到三粒的情况，这种形式多是起到装饰效果。

图5-53　搭扣

第四节　近代汉族民间衣裳的褶饰

裙装是近代汉族民间服饰传统褶裥装饰工艺的主要载体，包含的褶裥形态丰富，造型多变，是近代汉族裙装中最常用的塑形手段。以江南大学民间服饰传习馆收藏的近代山东、山西、皖南、江南、中原、河北及广西等地区的具有褶裥装饰的68条实物传世裙装为例，对中国近代的女性裙装褶裥造型特征进行统计。打褶的位置及方向、褶量、形状以及制作技法的不同，褶裥造型都会呈现出不同的效果，如图5-54。

近代女式裙装中褶裥的造型形式多样，主要有自由型褶裥和规则型褶裥两类，又细分为顺风褶、工字褶、明线褶、暗线褶、百褶、手风琴褶、细皱褶、自然褶等。近代裙装中规则型褶裥主要包括工字褶、顺风褶、鱼鳞褶、手风琴褶、立体褶等类型，自由型褶裥主要包括缩皱褶和波浪褶。

规则型褶裥在近代裙装中的装饰，体现了近代传统裙装在设计上的巧妙空间布局和充满韵律感的排列变化，而裙装整体上的褶裥分布规律是褶裥主

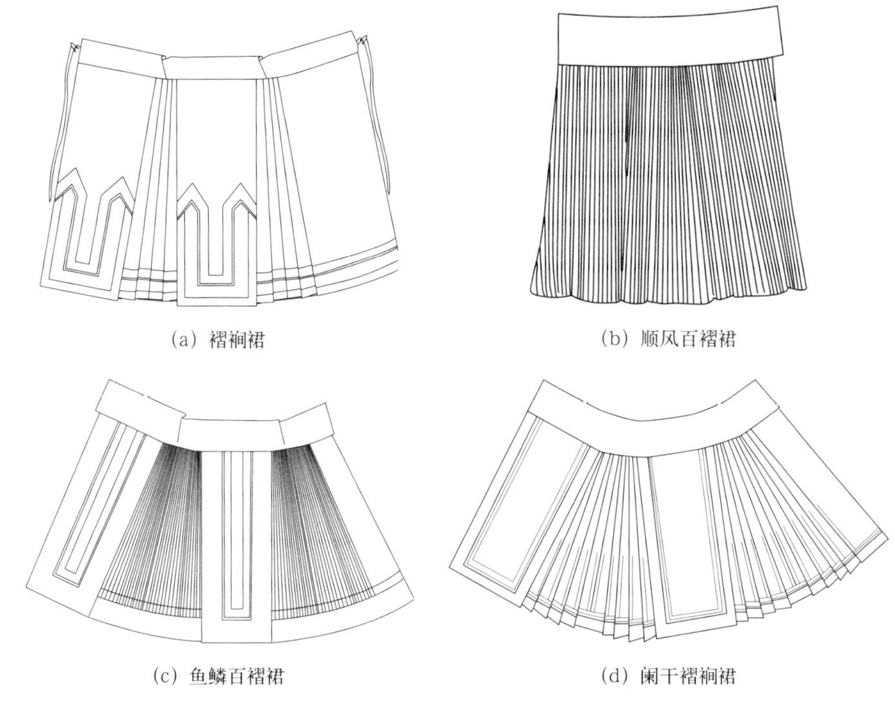

（a）褶裥裙　（b）顺风百褶裙　（c）鱼鳞百褶裙　（d）阑干褶裥裙

图5-54　褶裙款式图

要装饰在裙幅部位，属于前后左右呼应的对称式分布。规则型褶裥通常都是呈对褶的形态分布，裙身褶裥对称分布在前后裙门的两侧，穿着时，不仅前后两侧对称，左右两侧也是对称分布的，呈现出视觉结构平衡规整的特点。褶的作用是为了余缺处理和塑形，然而褶的造型意义是其他形式所不能取代的[1]，褶裥定型后，裙摆展开的效果如同扇面，规整中有变化。褶皱的疏与密、动与静等相互呼应，能完美地实现艺术性与功能性的统一。

自由型褶裥是利用布料的垂直性以及经纬纱的斜度自然形成的未经人工处理的褶。多应用于近代裙装的裙摆部位，为服装提供了充足的活动松量。可通过布片一边的几个较小褶裥，另一边自然下垂来形成自由型褶裥，主要还是通过面料本身结构线的变形，来产生了褶皱的效果。受中国传统儒家文化的影响，近代裙装中的自由型褶裥也都是以规则型褶裥为基础制作而成的，自由型褶裥的顶端均是规则型的褶裥，主要为顺风褶，褶量大小和数目不一，

[1] 刘瑞璞．服装纸样设计原理与技术［M］．3版．北京：中国纺织出版社，2005：170-178．

只压烫一小段距离的规则活褶，其余部分自然下垂形成自由型褶裥。

褶的本身可以相互转化、组合，打褶的手法更是多种多样，因此褶裥的造型也会因打褶的位置及方向、褶量不同而各异。褶裥造型的好坏以及质量对于服装的整体造型和艺术美感都有着十分重要的影响[1]，因材质、工艺、造型等设计手法的不同，褶皱在服装中会产生不同的美感，从而产生不同的服装风格。

褶裥工艺还常与镶、滚、刺绣等工艺结合应用，以不同的搭配组合形式和不同的制作手法产生出不同的风格。加入了花边、刺绣元素的褶裥，为严谨规整的裙装增添了几分女性的妩媚。

❶ 杨春芳．浅议服装褶裥造型设计中面料性能的影响[J]．东方企业文化，2013（6）：228．

第六章

近代汉族民间衣裳的演变

布罗代尔认为："一部服装史所涵盖的问题，包括了原料、工艺成本、文化性格、流行时尚与社会阶级制度等。如果社会处在稳定停止的状态，那么服饰的变革也不会太大，唯有整个社会秩序急速变动时，穿着才会发生变化。"鸦片战争以后中国人的穿衣方式开始由宽变窄，衣冠装饰也开始由多到少，风俗礼节更是由繁到简。中国人的穿衣打扮与风俗礼节更是开始具有了现代性与文明性，从而使汉族民间衣裳进入现代化进程。

近代以来，中国女性服装承载并融合着中西方政治、社会、文化元素，在西风东渐与塑造新女性的过程中，时髦摩登的装扮呈现出渐变与突变的流行风尚。

第一节　近代汉族民间衣裳的造型演变

近代汉族民间衣裳的变革是中国服装史上一个具有转折意义的变革。当时衣裳的大部分装饰元素和各种传统技法趋于成熟，在衣裳的特性上已经体现出近代性甚至于现代性、文化多元性、包容开放性、时尚引领性等诸多特点。服装款式、工艺、装饰快速简化，服装结构更是在穿着的机能性和合体性上发生了大变革。[1]此次变革，同时也体现在汉族民间衣裳的形制变化之上。

长期以来，中国女性服装中胸、肩、腰、臀完全呈平直状态，没有明显的曲线变化，没有起伏的变化，通常可以折叠得方方正正。20世纪初，中国妇女有了"曲线美"的意识，一改传统习惯，女子的袄、裙、裤向窄身、体现形体方向发展。到了辛亥革命之后，女子衣裳不仅衣身合体，彰显女性的身材，且袄达到了历史以来的最短——仅及臀部，下裙摆的提高，百褶裙、马面裙也已被简洁的筒裙所代替，呈现出明确的机能性和现代美感[2]（图6-1）。

---

[1] 卢思静．清末民初我国传统服装结构的延续与变迁[D]．南昌：南昌大学，2009．

[2] 赵芳．西服东渐——中国传统服装结构平面向立体的转化[D]．呼和浩特：内蒙古师范大学，2013．

图6-1　民国女性上衣下裳的造型变化

如图6-2所示的为清代女性的衣着状态，女性穿着后人体几乎被宽大的上衣遮盖，身体曲线也不可见，以达到完全遮掩人体的效果。而民国初年的女装则更为紧窄合体（图6-3），这也是中国女装向现代女装发展的重要转折。

图6-2　清代女子影像
（香港历史博物馆藏）

图6-3　民国初年女子影像
（香港历史博物馆藏）

一、上衣的变化

近代汉族民间上衣的变化非常明显，如《嘉定县续志》（民国十九年）载："光绪初年迄三十年之间，邑人服装朴素，……式尚宽大，极少变化。厥后，渐趋窄小，衣领由低而高。"可见，近代以来上衣的变化在衣身、衣领等各个细节方面都非常明显。

1.衣身的变化

近代汉族民间上衣的衣身变化呈现出由宽大走向合体再走向收腰的趋势，如图6-4。袄褂中传统的宽H形表现为不收腰、筒形下摆，从视觉上来看，水平线较长，给人一种宽松舒适的感觉；进入到清末民初的梯形，一般为上紧下松，给人一种活跃和不稳定的感觉；民国时期短袄和倒大袖衣身的外形线一般是喇叭形和沙漏形，内收的弧线和折线能够更好地展现女性的曲线美。

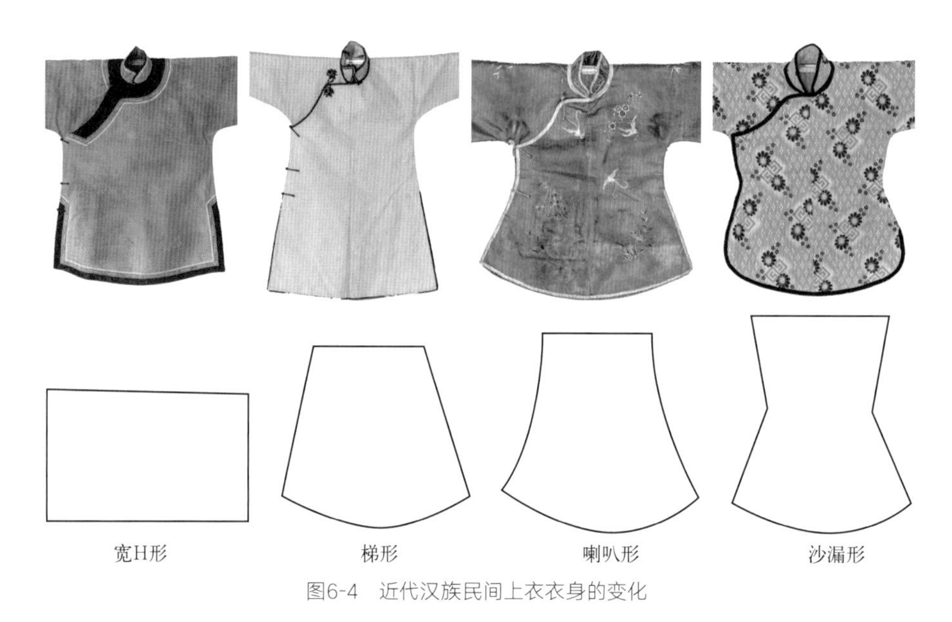

图6-4 近代汉族民间上衣衣身的变化

2.衣摆的变化

传统女装向来恪守中庸之道，人为衣而饰，以宽衣博袖掩盖女性的第二性特征，衣摆也是平直庄重的（图6-5），如图6-6为民国时期摩登女性的衣摆造型，摆脱了清末宽阔平直的衣摆后，当时女性上衣衣摆的选择主要有接近水平线的平弧摆、圆摆、平摆、锯齿摆等。

图6-5　清代上衣的平直摆

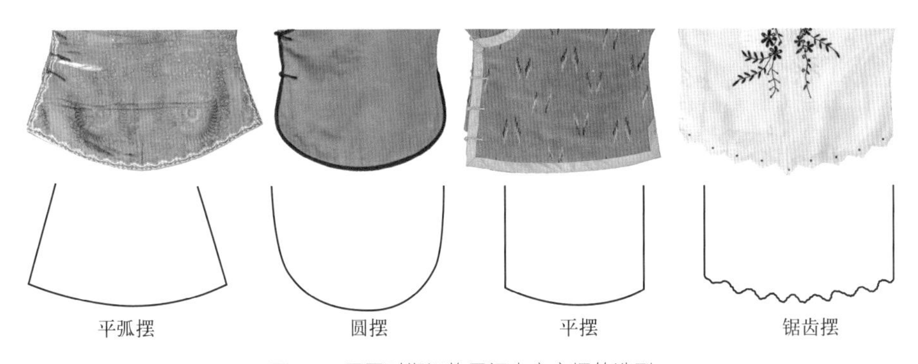

图6-6　民国时期汉族民间上衣衣摆的造型

平弧摆从视错原理来讲幅度见增，高度见小，一般在传统的褂、袄中有所体现，这种轻柔的弧线，给人一种柔美感；没有棱角的圆摆一般运用在传统民间的女装中，具有柔软、优雅的感觉，视觉上拉伸了下身比例，体现传统女性的温暖纤细；平摆给人一种稳定的特性；锯齿摆是规则的波浪形摆，具有灵动的特性。

衣摆线的弧度一般与衣身的结构和衣摆的开衩有关，开衩越高，下摆的空间维度越大，民国时期“衣服的下摆多为圆弧形，也有直角状、尖角状，六角形等变化”[1]可谓是变化多样，以至于“这种迅速的变动，使女子的衣服在当铺里便弄得不值钱了”。[2]

---

❶ 黄强：中国服饰画史[M]. 天津：百花文艺出版社，2007：179.

❷ 张宝权. 中国女子服饰的演变[J]. 新东方，1943（5）：55-90.

3.衣领的变化

近代民间服饰的衣领变化亦是多样，“最初把领子高度减低，随后又全部取消。敞领，圆领，方领，心形领”❶ 等都流行过一段时间，《定海县志》中也记载：“今则妇女……衣领亦经数变：其初妇女皆不施领，后施低领，渐次以高，至于没颊，迩年则不特去领并袒胸矣。”❷

根据衣领的造型可分为立领和无领，无领主要是指圆领，是在拼接好的衣身前后片整幅正中间掏出一个紧贴颈底弧线“不规则”的圆形空缺，前片的领圈弧线大于后片的领圈弧线，领口的边缘一般还会进行滚边的装饰，并且领与襟相连，襟与摆相连，在清代的褂、袄上居多。

根据立领的高低一般又会分为低领、中领、高领和无领（图6-7），高领一般高为6~12厘米，领角比较直，接近直角状。受西方影响而出现的高领，称为元宝领，甚至高过半个脸颊，衣领的外形线具有修饰脸型的作用。其优点在于领角可设计成适宜的角度，斜斜地切过两腮，把圆脸型修饰成瓜子型，是当时女子喜爱的服装样式。

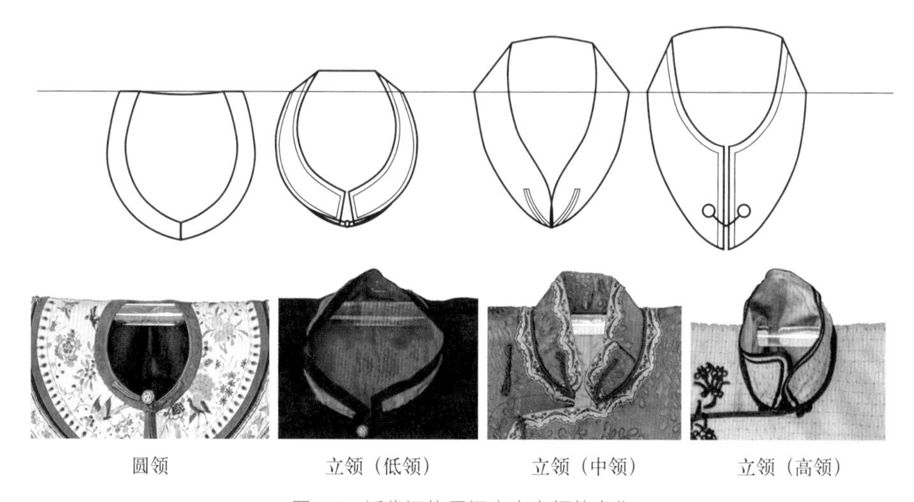

图6-7　近代汉族民间上衣衣领的变化

另外，近代受西方服饰风格的影响，还有一些特殊的领型，如图6-8江南大学民间服饰传习馆收藏的一件民国婚礼服，以中式的连袖、对襟、盘金绣、

❶ 张宝权．中国女子服饰的演变[J]．新东方，1943（5）：55-90．

❷ 定海县志[M]．民国十三年铅印本．

图6-8　民国戗驳领倒大袖婚礼服

图6-9　民国广告上的女性形象

袖口“阑干”形制搭配西式戗驳领，这种纯西式的领型搭配中式意味浓郁的倒大袖婚礼服可谓别出心裁，在民国传世服饰品中非常少见。图6-9为民国时期必得胜大药房的广告，图中女性穿着米白色圆领倒大袖上衣，搭配同款长裙，简洁素雅，领部装饰西式蕾丝花边，亦属少见。

4.衣袖的变化

近代衣袖口大小也经常随着潮流而变化，时宽时窄，时肥时瘦，《阅世编》载：“袖初尚小，有仅盈尺者，后大至三尺，与男服等。自顺治以后，女袖又渐小，今亦不过尺余耳。绣初施于襟条以及看带袖口，后用满绣团花，近有洒墨淡花，衣俱浅色，成方块，中施细画，一衣数十方，方各异色。”至民国则变化更甚。

传统的衣袖有长袖、短袖、宽袖、窄袖之分，均为连身袖，即袖片和衣身连为一体。衣袖的变化主要体现在袖肥的增减、袖口的窄阔、袖子的长短上，如图6-10，直口袖的衣袖外形线有拉长手臂的效果；宽口袖袖口宽一般大于60厘米，以中短袖居多，较宽的垂直线衬托手臂的纤细；还有民国时期盛行一时的“文明新装”倒大袖。《定海县志》中也记载：“今则妇女之袖袂袴大几盈尺，而上则见肘，下则露膝矣。”❶

同时，随着中西融合的加深，一些新的袖型也被摩登女性所采纳，如图6-11中的女性服饰，在马甲内搭配改良倒大袖，纱质的面料以百褶的形式制

❶ 陈训正，马瀛．定海县志[M]．民国十三年铅印本．

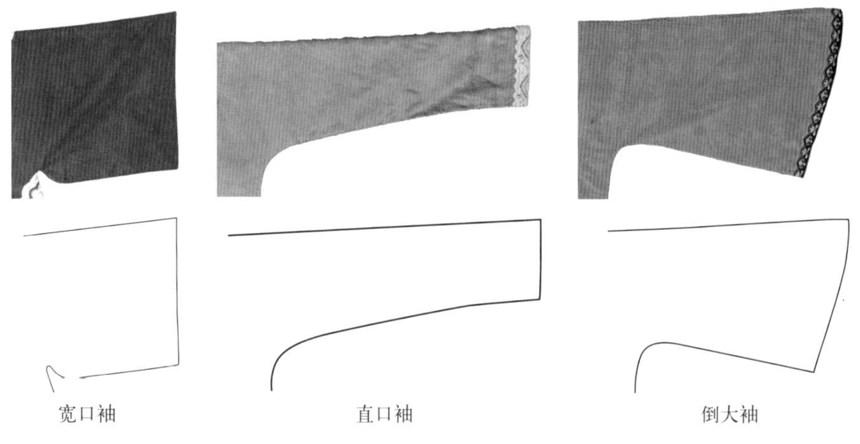

图6-10 近代汉族民间上衣衣袖的变化

成喇叭袖，极具新意。再加上发型和项链的搭配，可以说是当时“摩登”二字的完美诠释。图6-12为民国时期广告上的女性形象，采用半透明的网纱面料，袖型贴合手臂，并在袖口处裁出三角形装饰，这种大胆的风格在民国时期亦属少见。

图6-11 杭穉英绘民国月份牌上的女性形象

图6-12 民国时期广告上的女性形象

整体而言，汉族民间传统服饰虽都是采用平面裁剪形式，层层的衣服缠裹和繁缛的缘饰使得近代以前的衣裳在穿着上显得十分厚重，而民国女性上衣在褪去繁杂的装饰后则显得轻便简洁。[1] 上衣没有直接采用西式的省道来收

[1] 宋雪. 民国时期女性“倒大袖”上衣研究[D]. 无锡：江南大学，2017.

拢衣身以达到合体的效果，仍未脱离传统女装的直线裁剪体系，但衣身的腰线裁剪已有曲线变化，缩小了腰部的宽松量，以此来达到收腰的造型效果，上衣腰部的变窄使胸臀凸显，女性玲珑的曲线得以展现。

二、下裙的变化

清末民初，传统下裙从外观至内部结构都趋于西化，顺应人们追求简洁、方便、实用的现代人文气息。裙子的结构发生了根本性的变化。一方面，裙子由两片合为一片；另一方面，裙子在侧缝缝合。在造型上女裙由过去的宽肥平直开始向收身紧窄的A形裙演变。

通过对江南大学民间服饰传习馆馆藏实物分析发现，清末至民国，裙长由传统的长至脚踝，开始上升到小腿或膝盖，宽大的裙腰变得短窄以致趋于消失，腰围趋于人体的自然围度，马面结构已消失不见，裙子的结构发生了质的衍变。

首先是裙身的变化，裙身合二为一与马面结构消失。马面裙一改传统的左右两片式的裙身，由传统的纽襻或纽扣连接而成的两片式转变为前后裙身拼合的一片式，腰头也由两片式剪裁改为一片式，但裙门仍保持内外两片的形制，前后裙门两侧留有褶裥或镶边装饰（图6-13、图6-14）。随着西方大方、简洁的服饰衣着观念的影响，一片式裙形演变为最终的筒状裙形，裙门由宽变窄，到民国初年已逐渐消失，裙身侧裥已被对称式绣花纹样所取代（图6-15）。

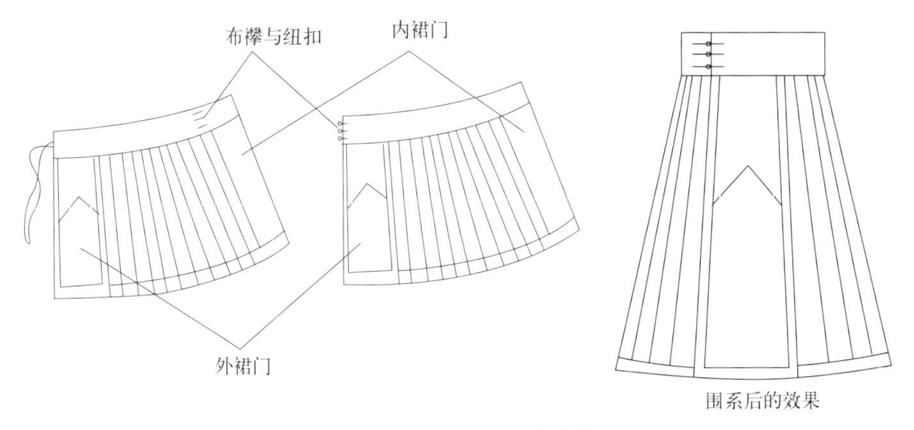

图6-13　两片式裙腰及穿着效果

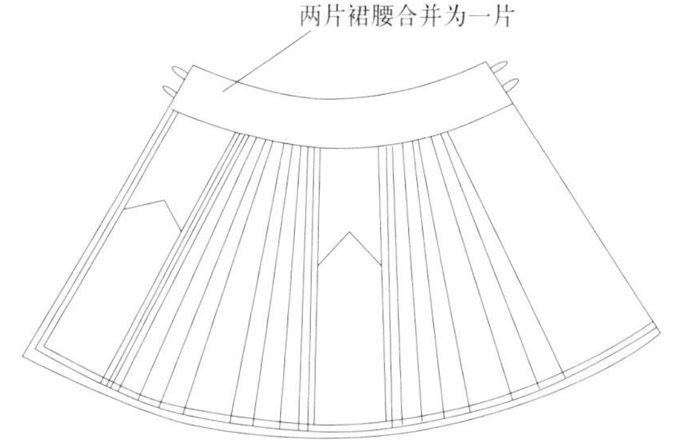

图6-14　一片式裙腰与两片式裙门

图6-15　侧缝缝合与裙腰两侧开衩的筒裙

其次是裙腰的变化。19世纪末20世纪初，妇女裙腰仍被保留，但是原来围系交叠处缝合为侧缝，传统马面裙经历了无侧缝到一条侧缝乃至两条侧缝，但为避免平直的桶状裙身造成穿着上的不便，在腰头的左右两侧设计了10厘米左右的开衩，以方便人们的穿着。清末民初，裙子的裙腰总体上呈现变窄的趋势，但其过程并不十分明显，仍然有一部分人还保留着清代末期的样式，这说明裙装演变过程中传统的中式元素呈现出短暂的承袭性特征，这种承袭性遵循了中国人从传统的农耕生活模式中孕育而来的民族着衣习惯与心理依赖，与传统汉族服饰文化延续息息相关。但随着民国社会风气开化，大量的西方物质文明展现在女性面前，尤其是简洁、实用、便捷的西方服饰结构形式被纳入传统裙装的改良中来，中式裙不合时宜之处纷纷被改良，裙腰处便采用西式松紧带，使得裙腰宽松有度，方便穿着（图6-18），改变了长久以来用纽扣或绳带系结的烦琐方式，这也从侧面验证了下裙逐步适应了女性的生活需要，由传统宽大的围系造型最终转变为套穿的筒裙（图6-16~图6-18）。

“由马面裙遗留下来的宽大裙腰消失，为容易套穿的松紧带或合体腰身所代替。……马面、侧裥和裙腰结构的消失，标志着围系之裙正式演变为套穿之裙。”[1] 在外来文化与国内进步思潮的双重影响下加速了裙装自身的变革。民国时期的套裙已逐渐被西化并朝着适应近现代人的生活方式方向发展，最终融入了现代裙装的行列。同时裙子的礼仪功能也逐渐消失，清代或更早的围系之裙多属于罩裙，即在裙子里面穿裤子，并且穿着的场合更为讲究，而

[1] 吴欣．中国消失的服饰[M]．济南：山东画报出版社，2010：95-96．

图6-16　传统马面裙

图6-17　装饰简化的马面裙

图6-18　套穿的筒裙

民国初年，裙子已演变为套穿之裙，裙里的裤子已消失不见，随之不能暴露身体的传统习俗也被打破。

纵观近代女性袄裙的变化，上衣呈逐渐短小的趋势，裙子也逐渐向西式筒裙过渡，20世纪20年代的上衣相较于民国初期的更为短窄并与长裙的搭配形成了明显的差别，“下身的裙子因上衣短小的缘故，不得不逐渐增长，与上衣相比裙子约占三分之一，同时因上衣窄紧的缘由，所以裙子相对宽松，裙摆部分因为走路时的摆动，增添了不少的美感。”❶

三、裤装的变化

随着思想的解放，长裙逐渐变成礼仪服饰，裤装在汉族民间女性的下裳中占有一席之地。裤装的开放与变化，展示了时代的进步与妇女的解放。《翼城县志》亦云：“女人之服，在清末年亦尚窄小，今则变为宽衣短袖、短裤宽腿矣。”❷ 足见西方服饰开放、大胆的风气不仅在沿海通商口岸盛行，也早已风行在内陆地区。

如图6-19所示，民国初年的《上海时装》封面，图中女子穿着窄衣窄裤，其作为当时流行传播媒介展示的是民国社会最为时髦的服饰风貌，如图6-20民国广告图中，女子上衣下裤已与当时最为主流的上衣下裙相媲美，可见当时女子穿裤已广为流行。

❶ 镌冰．妇女装饰之变化（下）[N]．民国日报，1927-1-8．

❷ 翼城县志[M]．民国十八年铅印本．

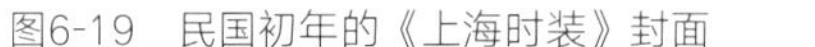

图6-19　民国初年的《上海时装》封面　　图6-20　20世纪20年代广告上的女性形象

对于这种变化，张宝权《中国女子服饰的演变》中称：“上层阶级的女子……在家的时候，仅穿一条短裤，裤袖与腿膝相齐，紧接着丝袜袜筒——是一种大胆而富有诱惑性的打扮。裤子是用一条具有流苏的带子缚住，轻佻的下层女子在上袄的前下方，常流出一英尺长的流苏。据说这是明显的色情打扮。”❶ 可见，张宝权认为此时的女子裤装，是一种“大胆而富有诱惑性的打扮”，而流苏的装饰则可认为是“轻佻的下层女子”的标志。这与张爱玲在《更衣记》的记述不谋而合：“民国的建立，各方面都有浮面的清明景象。……上层阶级的女子出门系裙，在家里只穿一条齐膝的短裤，丝袜也只到膝为止，裤与袜的交界处偶然也大胆地暴露了膝盖，存心不良的女人往往从袄底垂下挑逗性的长而宽的淡色丝质裤带，带端飘着排穗。”❷ 可见，穿着大胆的张爱玲也认为流苏装饰具有挑逗性的意味，作为上层阶级的女子只能在家里穿着裤装。

由此可见，近代汉族衣裳已完全区别于清代之前的服饰，而成为本土传统服饰与外来窄衣文化渐变融合的产物，开始向机能化、现代化方向发展。

❶ 张宝权．中国女子服饰的演变[J]．新东方，1943（5）：55-90．

❷ 张爱玲．流言[M]．广州：花城出版社，1997：18-19．

第二节　近代汉族民间衣裳的演变与着装审美的变革

鸦片战争以后中国人的穿衣方式开始由宽及窄的变化，衣冠装饰也开始由多到少，风俗礼节更是由繁到简。以人为本的西洋服饰的引入，以其简洁、便利、卫生、美观的优点加速了汉族民间衣裳的转变。方雪鸪在《新装》中介绍道："深颜色的宜於冬令，浅颜色的合宜暑期……尚还要顾虑到气候的转变，和服装的颜色、式样以及质料所发生的关系。"[1]人们着装不再是被诸多的条条框框所限制，而是逐渐开始依据个人审美喜好而选择，服装的审美功能代替等级标识成为主流。

近代女性衣裳在参用我国古代女装的形制下吸收西方女装简洁、便利、适体、实用的优点，融合出的改良中装既具备了汉族雅致精巧的服饰特色，又在服装式样上开始向简洁方便的方向发展，因此在西方文化观的传入下，中国人的审美也随文明新装的流行而向现代性转变。

一、删繁就简的审美趋势

中国封建社会等级制度森严，统治阶级为展现自身的社会地位，将等级差别体现在服饰中。传统社会女性的财富地位是通过服饰中装饰元素的繁复程度来体现的，重装饰轻实用是传统服饰审美的主要特点，这一特点着重体现在服装中镶滚、刺绣、褶裥等复杂的工艺以及纹样、色彩等装饰手段中，从而呈现出重服装轻人体的局面。

清末女装延续着中庸、内敛的思想，女性的形象通过上衣中繁复的装饰来表现，晚清女装在装饰上达到了前所未有的奢华，衣服缘边及刺绣等装饰工艺的修饰程度已经遮盖了服饰原本的衣料，盘金绣、打籽绣、锁绣等各种刺绣技法应用于清代袄服上，从亮丽的色彩纹样到华丽的面料，再到精致的

[1] 方雪鸪．新装[J]．美术生活，1934（1）：3．

装饰工艺，这些装饰元素成了上衣的主角。"原先作为修饰和加牢边缘的辅助工艺在这时期成了女装的重要装饰形式。"❶ 1880年，上海报纸对上海人在服装上的奢华已有所披露，其中以妇女在置办服装上最为奢华："妇女之奢侈更甚，妇女之衣裙先时以丝绸为之已觉甚华矣，今时则皆用密细贡缎而加以缘节，往往所缘之物，其价反贵于本身者……白凤毛之马甲，下至于娘姨大姐无不视为当然。"❷

辛亥革命自由、平等的开放化社会风气带动了女装社会等级制度的从有到无，女性着装完全依据个人审美喜好，审美功能代替等级标识成为主流。孙中山在分析了中西文化以后，提出了自己的中西文化观："取欧美之民主以为模范，同时仍取数千年旧有文化而融贯之。"即在"适于卫生，便于动作，宜于经济，壮于观瞻"的前提下，吸收西方服饰文化理念，完成了近代衣裳由宽大向收腰的变革。

衣裙的装饰在淡化礼仪的同时也从宽到窄，从繁到简。在1912年颁布的《服制条例》中对女装的规定要求极少，连最具仪式感的女性礼服也仅为对襟长衫和裙子，摆脱了传统"以古为贵"的穿衣特点，具有一定意义的革新性。此外在穿衣的层数上来看，传统服装以层层相套来展现身份地位的高贵，而发展至民国时期，女性穿衣风格强调简洁，这也是不断走向平民化的一个表现。

伴随着五四新文化运动的解放思潮，简洁质朴的服装逐渐被大众所追求，生活在社会底层的劳动者也翻身做主人，服饰穿着者间身份地位差别化的界限越来越不分明，服装呈现出无差别化的趋势，同时服装审美也不再带有封建意味。人们对先前的衣裳制度也有了反思，女性脱去累赘的衣衫，衣着逐渐向着简洁、朴素靠近。改革家张竞生也强调改易新装要"短小精悍"，意味着不拖泥带水的轻便装束符合新装的改革目的，因为它"不易肮脏与损坏"。

追求服装朴素、淡雅、清纯之风的文明新装在先进的知识分子包括留日女学生和本土教会学校的学生率先穿着下，思想进步的女性视其为时髦装束而纷纷效仿。1921年《妇女杂志》中提出："在着装上以简朴、卫生、美观、简单为上"，提倡摒弃一切不必要的装饰和元素，强调以去装饰作为新时代、

---

❶ 吴红艳．晚清民国女装装饰艺术研究[D]．株洲：湖南工业大学，2009．

❷ 申报，1880-3-30．

新思潮的展现，塑造素净的女性形象。

《怀安县志》记载当时妇女穿着："足穿平底素鞋，上穿半身小袄，下围黑裙，较之昔日简单多矣。"[1]据1933年《续安阳县志》记载，"境内习尚，认简朴为美德，以装饰为浮夸。除资产阶级、官僚家庭以洋布为衣料，间或着绫罗锦缎外，余则均以自织之棉布加以颜色裁为服裳，一袭成就，间季浣濯，直至破烂而后已。"[2]

1.镶滚工艺的由繁入简

清末女装极为重视缘边的装饰，精致华丽的装饰和元素的重复堆砌成为晚清女装的主要特点。张爱玲曾这样描述其装饰特点："袄子有'三镶三滚''五镶五滚''七镶七滚'之别，镶滚之外，下摆与大襟上还闪烁着水钻盘的梅花、菊花，袖子上另钉着名唤'阑干'的丝质花边，宽约七寸，挖空镂出福寿字样。"[3]因该时期的上衣过于注重装饰，所以晚清的女装较为宽大，以适应装饰的增加和底边的增阔。上层社会所追求的繁复装饰工艺是清代审美的主流趋势，尽显奢侈与浮华，而位于社会底层的人民大众在自身条件下也在追随这种繁复的装饰，并以此为美。

上衣中块面的缘饰需求已演变成为对轮廓线的强调，繁缛的缘饰装饰回归于简单的布条镶滚，对人体的装饰向无装饰过渡，体现了该时期女装对于淡雅、简洁装饰效果的追崇。从民国时期的"倒大袖"上衣实物可以看出来，清末以后女装满身镶滚装饰已不再盛行，旧式的宽阔阑干和繁复的镶滚工艺被舍弃，"倒大袖"上衣中一条条细窄的缘边装饰在衣料之上展现出简洁且淡雅的特质，从而被当时女性所喜爱。其上衣衣缘的窄化和简洁，也是顺应的衣身向窄小变化的趋势，这种不同于清代女装的宽阔造型，已然不能承载繁复的缘饰（图6-21）。

2.装饰纹样的由繁入简

传统女装极重外在的形式美，封建正统等级观、社会伦理观往往通过服饰器物层面的不同来标秉尊卑与压迫，通过宽衣长裙以装饰是否繁缛华丽作为其性别标识、身份标识的象征符号。

从装饰纹样上讲，传统女装常采用富有祥瑞寓意的图案，而纹样越丰富

[1] 怀安县志[M]. 民国二十三年铅印本.

[2] 丁世良，赵放. 中国地方志民俗资料汇编（中南卷上）[M]. 北京：国家图书馆出版社，1997：102.

[3] 张爱玲，张爱玲散文全集[M]. 郑州：中原农民出版社，1996：97.

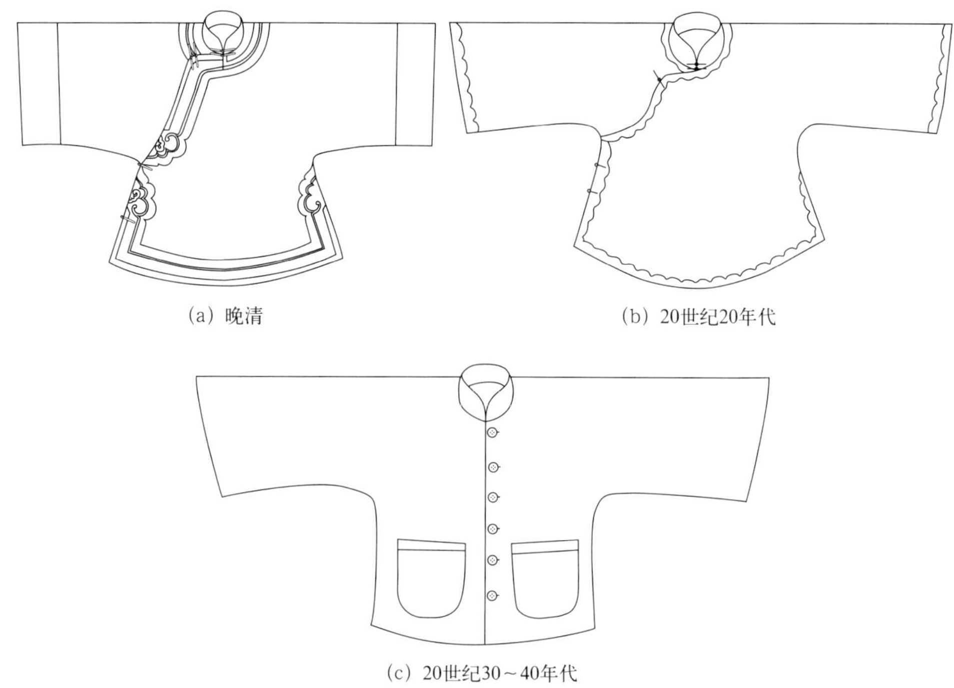

图6-21　20世纪袄褂镶滚装饰工艺的演变

则越被视为地位尊贵，不同社会等级的服饰纹样在使用中也存在差别，在清代官服的纹样中体现尤为明显，不同的官阶对应其相应的装饰纹样，如龙纹这种装饰纹样只能为当时的君王所独用，各阶级不能逾越。民国女装上的装饰纹样秉承简洁、质朴、实用的观念，象征等级的纹样标志消失，这一时期的纹样都是以装饰为目的，对纹样的图案题材无限定使用，例如龙纹、凤纹等纹样是在等级森严的封建社会中传统女装所不可见的，但是进入民国普通百姓的衣裳上皆可使用。

装饰元素内容上，晚清女装的装饰内容极其丰富且复杂，涉及各种装饰题材，百花、百鸟、龙凤、福寿、人物等各式吉祥纹样遍布衣裳，制作工艺繁缛而精致；而相比之下，民国时期女装的装饰题材就相对简化，缘饰部分多以抽象的二方连续或四方连续图案为主。如图6-22为清末八团戏曲纹枚红色女褂，周身施以彩绣，主体纹样是八个戏曲人物团纹，每团讲述一个爱情故事，团纹的四周装饰彩蝶和各色花卉纹样。整体上精美繁复，是清末女上衣的典型代表。而进入民初，如图6-23的民初花卉纹黑色烂花绡女袄，仅以织物本身的纹样装饰，刺绣装饰被摒弃不用，但通过明暗的对比亦体现出民国女性的服饰审美特点。

图6-22　清末八团戏曲纹枚红色女褂

图6-23　民初花卉纹黑色烂花绡女袄

二、中西融合的穿着风格

近代是一段传统与开放、时尚与复古并存的历史时期。在不稳固的政治和社会背景下，外来文化对我国民间服饰产生了不同深度和层次的影响，有吸收，有利用，有拒绝，形式异彩纷呈。衣裳造型上主要表现为对西式风格的借鉴，具有创新意义的“文明新装”成为民族符号的象征，另一方面“中西混搭”的搭配风格成为新的时尚。

1.造型上的中西融合

随着社会环境不断开放，中西文化交流加强，各种西式服饰、西式面料

等不断扎根中国土壤，西式电影、杂志画报等传播媒介在展现女性时髦装扮上起到重要的推动作用，尤其是一些杂志画报开设服装专栏，第一时间介绍国内外最新流行的服饰款式，同时各种商业广告的投放以不同的渠道来刺激与引导女性的着衣装扮。如果说近代前期的女性衣裳是以中式服饰的改良展现出的一种渐变的中式女性美，那么进入民国以后尤其是民国中后期的中国女性衣裳则呈现出兼具中西、紧跟世界潮流的突变的现代女性美。

当时有打油诗云“商量爱着应时装，高领修裙短短裳，出色竞梳新样髻，故盘云鬟学东洋。”[1]由此可见，这样的造型在当时是一种时尚与流行的象征。

造型上女装开始向短小化发展，使得女性的身体从层叠的衣服轮廓中解放出来，上衣剪裁由平直逐渐开始稍稍收身适体，开始突出人体的曲线美。民国评论家张竞生认为“美的服装不是为服装，而是为身体。”[2]尤其是20世纪20年代以后，西方女性健康丰腴的体态美激起女性对自我性别角色的重新定义，女性开始追求自我的释放，以成为真正女人的心理意愿来表现自身肢体和形态，对于女性身体的塑形，丰腴健康的性感体态美成为民国社会所推崇的女性形象，正如顾伯英在《女子服装的改良》中称：“旧时服式，素取宽博，近年效法西洋，尽改短窄。”[3]“一些妇女开始模仿西洋女子束腰凸胸的样子，穿起文明新装。”[4]表现了衣裳开始趋向合体，表现人体之美。1921 年的《申报》中关于上海妇女的描述“裸腿露膊，怪状百出，当此夏际，有以薄纱做衣衫者，阳光之下，纤悉毕呈”，当时都市女子对自然美的追求由此可见一斑。随后，热衷变化的民国新女性，还通过各种细节上的变化突出她们对时尚的追求，如图6-24为《良友》杂志在1926年3月刊中刊登的《妇女新装设计》图片，通过领型、袖型、装饰纹样等的变化，体现了她们在衣裳审美上的巧思。

随着时代的变革，服饰审美由“人适应衣”转变为“衣适应人”，落后保守的迂腐观念被彻底摒弃，女性的着装观念也由束缚人体转变为解放人体、美化人体，展现女性身材、性感时尚成为服饰选择的主流，最终导致服装造

---

[1] 上海竹枝词[N]. 时报，1913-4-4.
[2] 张竞生. 美的人生观[M]. 上海：北新书局，1925.
[3] 顾伯英. 女子服装的改良[J]. 妇女杂志，1921（9）：51.
[4] 黄强. 中国内衣史[M]. 北京：中国纺织出版社，2008：125.

图6-24　妇女新装设计

型由宽松向合体发展，以展现女性的曲线美和人体美。如“倒大袖”在形式上仍然延续了传统服装的平面造型，由本来的面料门幅宽度依次拼合而成，仍有许多多余的部分没有被去掉，然而在审美思想上则有明显的西化成分，通过收腰和下摆的弧度突出了女性的曲线美。然而这种上衣也受到了保守派的攻击，如包天笑在《六十年来妆服志》中便指出：

从前妇女们的上衣，前垂及膝，后垂至股，衣袖也非常宽博。到后来，渐渐短，渐渐短，仅及腰际，圆圆的双股突露于外，曲线型变成为流线型。当时士大夫都觉得有点不雅观，然而此为娘子军本身之事，虽欲干涉，亦无从说起。[1]

可见，中国经过了近千年的以含蓄为美的审美标准，道学家认为女性的身体本就应该藏在衣服中而不是展现给世人，因此当这种全新的、西化的服装变革来临的时候，受封建思想影响至深的士大夫们是难以接受的。然而时代在进步，受西方穿着习惯影响的汉族民间衣裳虽然受到颇多指责反而愈加流行。

[1] 包天笑．六十年来妆服志[J]．杂志，1945（3）．

2.元素上的中西混搭

在近代尤其是民国时期的衣裳搭配中普遍存在着“中西方元素与风格的混搭”形式。

如图6-25“倒大袖”上的亮片装饰，是由若干绿色和金色两色、直径约为0.4厘米的塑料制亮片组成，用线将这些亮片上的小洞串连，使其构成图案，再用线串联起直径约0.2厘米的透明小珠子，串成一条装饰在亮片旁边，然后沿着衣服缘边的位置钉在面料上，以约3厘米宽的线状亮片为图案呈现。

而亮片、珠子是民国时期出现的珠绣材质，这些舶来的新材料的加入丰富了女装的装饰形态，在此之前珠饰的材质多为珍珠、珊瑚等。珠饰装饰的图案精致美观、立体感强，图案有实际存在感，装饰效果十分鲜明。

另一件如图6-26所示的倒大袖服装，采用珠钻在袖口边缘排列出所需要的图案，再熨烫在衣服上。这种珠饰的装饰形式在20世纪20年代采用较多，珠饰这种表现形式十分精致绚丽，有很高的审美价值，同时在现代的服饰装饰上也常用此类方法做装饰。

图6-25 “倒大袖”上的亮片装饰

图6-26 “倒大袖”上的烫钻装饰

在衣裳上搭配丝巾或披肩的装饰风格在民国时期更是流行一时，如图6-27、图6-28中的女性形象，可谓将“中西方元素与风格的混搭”发挥到了极致，是当时“摩登”二字的完美诠释。

在民国婚礼中以中式袄裙搭配西式配饰的也非常常见，如图6-29（a）、（b）女性穿袄裙而头上却披着白色头纱，与图6-30百家利广告上的婚礼服如出一辙。（c）中西式的荷叶边装饰也被运用在了中式婚礼袄裙上，混搭风格已经发展成为当时婚礼服的一种时尚潮流。

图6-27　民国时期广告上的女性形象1

图6-28　民国时期广告上的女性形象2

近代政权的更迭打破了封建王朝几千年来的伦理束缚，为近代女性服饰接受新鲜文明奠定了基础。西方海派文明的平等、独立、自由、张扬的文化性格感染了近代女性，开始注意自身旧式装束。在西方女装的先进观念、审美意识与造型艺术的不断冲击下，近代汉族女性的传统衣裳开始渐趋吸纳西方简洁、便利、卫生、美观的服饰元素。随着中西社会交流的加深与女性审美意识的提升，近代汉族女性衣裳由被动吸收开始向主动接纳转变，呈现出传统服饰改造纳新的渐变趋势以及中西元素混搭、竞穿西式的突变景象，也反映了近代女性崇尚自由与民主的服饰文化内涵以及追新求变、张扬个性、塑造女性体态美的现代审美观。

(a)

(b)

(c)

图6-29　民国结婚照

图6-30　百家利广告上穿婚礼服的女性形象

第三节　近代汉族民间衣裳的演变与生产方式的变革

随着国门的打开，物美价廉的洋纱、洋布快速进入并占据中国的纺织服装市场，极大地冲击了中国本土传统手工作坊式的纺织产业。在近代中国的纺织科技文明中，使用的原料已从天然纤维发展到化学纤维；传统的纺纱与织布方式由动力机器纺织逐步替代手工机器纺织；织物大类由梭（机）织物扩展到针织物；土布品质得到改良，品种多样化，并与机器织造的织物并存；纺织、染整、印花等工艺的技术进步，促进了品种开发、品质提高；"古为今用，洋为中用"，在传承中国传统纺织材料开发技术的同时，开始注重与国际技术交流……这些都使汉族民间衣裳的面料发生了重要的变革。

一、"洋布"的流行

鸦片战争之后，机器织造的"洋布"开始进入我国，逐步代替了传统的面料。据载1845年，上海就进口了大约144万匹的欧美纺织品，质优价廉，迅速占领了沿海城市市场。第二次鸦片战争以后由于大量洋布流向内陆地区各城镇，居民衣用布料的结构发生了很大变化。清末民初，汉族百姓开始广泛穿洋布、用洋纱，如怀宁县"乡人衣着，大半仰给于洋纱布"❶；香河县"自洋布输入，物美而价廉，争相购用，家机土布，逐不可见。年来布业甚盛，亦系用洋线织成，改良布机，无复从前之笨拙矣。"❷1893年，洋务运动主要领导者之一、资本主义工商业发起者薛福成在《强邻环伺谨陈愚计疏》中指出："近年洋货骤赢，土货骤绌，中国每岁耗银至三、四千万两，则以洋布洋纱畅销故也。益其物出自机器，洁白匀细，工省价廉，华民皆乐购用，而中国之织妇机女束手坐困者，奚啻千百万人。"❸《新河县志》载："近稍奢

❶ 沈世培．文明的撞击与困惑：近代江淮地区经济和社会变迁研究[M]．合肥：安徽人民出版社，2006：155．

❷ 香河县志[M]．民国二十五年铅印本．

❸ 马忠文，任青．中国近代思想家文库：薛福成卷[M]．北京：中国人民大学出版社，2014．

侈，农民衣服多以洋布为之，以呢类为衣者亦日多。”❶ 可见，原本自织土布的农民也开始购买洋布。洋布输入本土，物美价廉，民间百姓争相购买，传统的家庭织布机和土布逐渐消失在人们的视野。

洋布的流行使传统纺织业逐渐式微，如《德平县志》载：“衣料以棉布为主，率由妇女自行纺织，呢绒、绸葛之类用者甚少。自洋纱、洋布倾销以来，人民羡其质细而价廉，纺织事业遂至衰微。”各种西式面料的引进，也使得原本在衣裳上的装饰减少，新的印染、印花工艺开始进入纺织工业领域并迅速占领市场，这也使近代衣裳的面料发生了巨大的改变。成本较低、效率较高的印花布逐渐替代了耗时耗工的绣花、织花，整体的装饰也由繁到简、由具象到抽象，更加迎合现代生活习惯以及穿着的舒适性。

二、面料织染技术的改革

资本主义国家对中国纺织业的大肆掠夺引起了有识之士的忧虑，如张之洞在给光绪皇帝的《拟设织布局折》中说：“窃自中外通商以来，中国之财溢于外洋者，洋药而外，莫如洋布、洋纱。……考之通商贸易册，布毛纱三项，年盛一年，不惟衣土布者渐稀，即织土布者亦买洋纱充用，光绪十四年（1888年）销银及将五千万两。……耕织交病，民生日蹙，再过十年，何堪设想!”❷这篇奏折引起了朝廷内外的共鸣，中国近代纺织工业在各方的共同努力下，终于呈现出蓬勃发展之势。在上海“由官商合办的棉纺织企业有华新纺织新局，成立于1891年，有纺锭7000余枚，1892年增加2000余枚，1894年增设布机50台”。据统计，“至1895年，上海共有棉纺织厂7家，纱锭约21万枚，布机2300台。”❸

另外，民国时期女性衣裳开始强调人体自然曲线的表现，倾向于采用较为轻薄的印花丝织物，而摒弃过于厚重硬挺的提花丝织物，这对我国传统纺织业无疑是巨大的冲击，同时也促使着纺织业的改革。《昌乐县志》载：“衣服，自古以礼服为重，多用丝织品。近时制服多用棉织品，且限用国货。惟燕居之服，尚不一律，大致以棉布为主，间有用丝织品、毛织品者，亦最寥

❶ 新河县志[M]．民国十八年铅印本．

❷ 孙毓棠．中国近代工业史资料[M]．北京：科学出版社，1957：907-908．

❸ 包铭新．中国近代丝织物的产生和发展[J]．中国纺织大学学报，1989（1）：59-65．

寥。妇女嫁衣，日趋华丽，自人造丝织品输入，价廉色美，用者渐多。"❶ 这也形成了近代衣裳面料由手工织造向机器织造的转变。

在这种转变之下，布料用纱以土经土纬变为洋经土纬，再变为洋经洋纬。机纱布是近代面料的第一特点。第二特点为面料门幅逐渐加宽。这个变化与手工织机的改进基本同步。从19 世纪末到民国初年，门幅从1 尺（33厘米）左右加宽到2 尺（67厘米）多。这也使得衣裳的制作少了门幅的限制，从而有了更多的可能。

西方纺织技术也激发了手工纺织机器的革新，先后出现了多锭大纺车、铁木机和提花机等。棉布纺织先由土经土纬变为洋经土纬，又变为洋经洋纬，质地随之变得薄而匀，幅宽倍增；一改过去朴素、单调的面貌，色织、提花增多，又随着人造丝的出现和化学染料的使用，花色品种增加。

此外，动力机器染整业也在发展，进入20 世纪30 年代，纺织、漂染、印花、整理趋于一体化，为开发印花棉布和印花丝绸缎等新品种起到划时代的作用。练漂技术的更新，使传统产品的外观手感大为改观，如锦地绉、碧绉、双绉、留香绉等，这类生织匹练的品种在近代丝织物中所占比例很大。套色印花技术和合成染料的引入为丝织物的印花品种开拓了新的方向。

随着我国纺织、染整、印花等工业的恢复、整顿和提高，动力机制棉布价廉物美、品种增多，成为民间大众化服装材料，而且逐步替代了土布。譬如士林布和花布深受欢迎，线呢品种也常用于中式服装。市场上名牌产品有：阴丹士林布、龙头细布、白猫花布、纶昌麻纱、四君子哔叽等，大工业化纺织在服饰纺织品生产上已经确定了主导地位。至民国中期，国产机织面料已成为近代衣裳制作的首选。

除了梭织面料外，针织衫毛衣也成为民国女性衣橱中的重要单品。当时的绒线主要品种有粗绒线、细绒线和针织绒线。供机制毛衫和手编绒线衫用。均由进口原料纺制，当时有蜜蜂牌、小囡牌、牧羊牌、羝羊牌等著名品牌。驼绒有针织台车绒和拉舍尔经编驼绒两种。绒毛丰满、松软保暖，广受群众喜爱（图6-31）。

❶ 昌乐县志[M]. 民国二十三年铅印本.

图6-31　民国广告上穿针织衫的女性形象

三、制作与装饰技术的改革

民国初年旧的装饰审美随着清朝的没落而退却，审美要素逐渐简化的原因是此时服装工艺技术的进步，对上衣边缘的固定和整理无需再像之前采用手工缝制，机器的锁边或缝制已可代替手工，同样能起到牢固衣缘的效果。

缝纫机作为近代衣裳的主要生产工具，其推广不仅使部分缝纫工人从繁重的劳动中解放出来，极大地提高了生产效率，也使衣裳的产量大大提高[1]，款式更加多样美观、别出心裁（图6-32）。

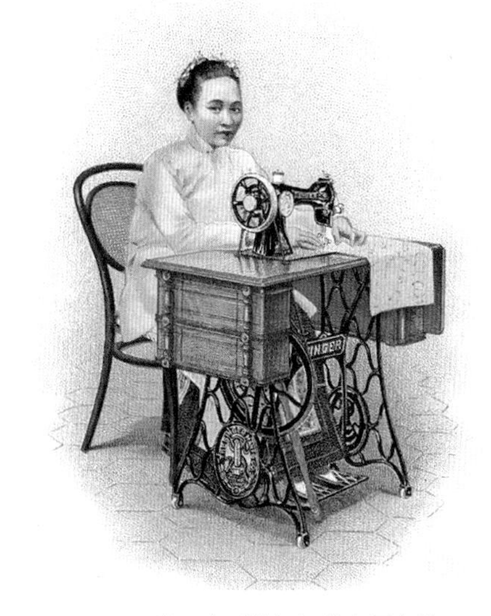

图6-32　西洋画中踩缝纫机的中国女性

整体而言，近代衣裳面料的变化是一个由阶级属性明显到不明显、由天然纤维到天然纤维与化学纤维并行、由传统染织工艺到现代染织工艺过渡的过程，而西方面料与纺织技术的传入成为衣裳面料发生变化的重要原因。

❶ 袁蓉．缝纫机与近代上海社会变迁[M]．上海：上海辞书出版社，2017：3.

第四节　近代汉族民间衣裳的演变与生活方式的变革

我国“男主外，女主内”的传统婚姻家庭劳动分工使女性成为观念中的被抚养人，在妇女“不能自食，必食于人；不能自衣，必衣于人”[1]的传统观念中，女性的社会角色仅仅是母亲、妻子、女儿而已。随着社会的发展、人们观念的改变以及资本主义观念的涌入，自给自足的小农经济基础已被打破，近代女性或因生计或因经济独立意识的增强，纷纷走向公共劳动领域，经济收入使得女性自我独立意识与家庭地位显著提高，女性的经济平等和独立，在生活层面也昭示着女性可以追逐个性装扮，并自由地参与社交与公共事业，女性逐步摆脱男性束缚，走出闺房，融入社交与职业场所，她们的角色变为学生、女工、职员、教师、医生、社会活动者……不再秉持中国传统的价值观念来看待事物与自身，而是将自由平等的观念纳入思维方式当中，由传统女性转变为彰显自我人格魅力的时代新女性。而这种变革也促使了近代女性衣裳的变迁。

一、女学生与女学生装的流行

西方天赋人权学说的引入以及西方对女性教育的重视给国人展现了自由平等的两性时代，资产阶级维新派通过各种渠道宣扬倡导女性受教育思潮，抨击了“女子无才便是德”的旧观念，近代中国女校的创办和兴起，给饱受封建教义束缚的毫无自我意识的女性注入了新的生机。在男性知识分子为解放女性、倡导女学的奔走呼号下，不少妇女开始审视自身，不再囿于闺阁之中，寻求摆脱封建纲常伦理的桎梏。1898年中国人创办的第一所近代女子学校——经正女学堂，就是在这样的背景下创办并开始招收女子入学的。随着

[1] 陈撷芬．独立篇[C]．//中国妇联．中国妇女运动历史资料（1840—1918）．北京：中国妇女出版社，1991：244．

中日甲午战争的爆发，越来越多的女子出国，近距离地接受西方思想的熏陶，她们归国后积极投身女子教育，于是女子学校如雨后春笋般地在中国大地上开花结果。随着女校的兴起、女学生人数的增加，女学生装也随之产生，并朝着统一化、时尚化的方向发展。

图6-33　20世纪20年代女学生合影（选自《百年衣裳》，袁仄、胡月著）

女学生这一新兴群体受到社会各界普遍关注后，由于其对新兴事物的接受能力和自身的影响力而逐渐成为时尚的引领者。倒大袖套装就是由女学生率先穿着，并逐渐成为当时社会中女性普遍穿着的样式。如图6-33为20世纪20年代女学生合影，她们上身着深色立领大襟、收腰、圆摆窄袖上衣；下着浅色过膝A字百褶裙，搭配黑色长筒袜，脚穿黑色皮鞋。服装统一、简洁利落，是当时的流行式样，引领当时女性的着装潮流。

可见，随着女性教育的兴起，女性由闺阁女眷成为新时代的女学生后，代表着先进思想者的她们，已成为衣裳潮流的引领者。

二、职业女性与女工装的发展

在先进知识分子的推动下，西方自由、平等的思想逐渐被越来越多的中国人所接受。女性也开始试图努力去打破封建三纲五常、男尊女卑的旧礼教的束缚。虽然这种趋势的蔓延不是一朝一夕的事，但一旦为女性打开了意识觉醒的大门，其势便不可阻挡。因此，除了去学习先进的文化知识，另一部分女性也开始走出家门，希望能通过自己的劳动创造财富，拥有与男性平等的地位。因此，女工、女职员开始逐渐成为女性重要的社会角色。

女工、女职员的产生促使了统一着装的形成。如当时的很多工厂都规定女工统一剪短发、穿窄袖上衣。这种变化显示女性衣裳的改变既与当时社会时尚的更新有关，也与女性社会角色的变化有密切联系。[1] 从实用性方面讲，

---

❶ 罗苏文. 女性与中国近代社会[M]. 上海：上海人民出版社，1996.

图6-34　1923年上海女工着装

女工衣袖的窄小有利于双手的劳动，短发也有利于减少工作中事故的发生。如图6-34所示为1923年的女工着装，在同一工厂内女工们的着装基本相同，且随着社会时尚的变化女工们的着装也有着相应的变化。

统一的制服改变了女工们原有的着装观念，清朝传统的宽衣大袖在西式剪裁合体的职业装面前显得不再适合生产劳动，在生活上也显出了诸多不便，而统一的制服使原本禁锢于闺阁的家庭妇女逐步确立了文明守纪的职业态度，这既有助于她们逐步适应工厂中有组织、有分工、快节奏的工作，也塑造了她们整齐统一的工作面貌。[❶] 职业给妇女以身份的认同感和满足感，同时也有了一定的消费能力，使她们在衣裳的选择上有了主权，成为流行的拥趸者。包天笑在《上海春秋》中描写1922年在上海袜厂上班的大新："身上的衣服从布的做到洋货的，……她赚几个钱都花在装饰品上。虽不能穿绸着绢，什么哔叽啊、华丝葛啊那种衣服有几件了。"[❷] 可见，中国传统女性的工作由家庭、作坊进入工厂，随着女性的职业化和女工的群体化，她们的衣裳也成为群体性的标志，帮助她们完成了从家庭妇女到职业妇女的社会角色的转变。而经济上的富余使得她们在衣裳上有了更多的选择，这对衣裳流行的发展也起到了一定的促进作用。

三、社会活动的参加者与社交衣裳的多样化

传统妇女在"三从四德"等儒家礼教的规范下深居简出，随着人人平等思想的深入人心，妇女地位的明显提升，女性不仅有了自己的学业、事业，也逐渐开始参加宴会、茶会、舞会等社交活动。[❸] 刊载于1935年《玲珑》杂志上的一篇社评中称："在昔妇运未发达时代，妇女皆深居闺阁之内，初无交际

---

❶ 陈黎琰. 从近代江南女性服饰探析女性生活方式的变迁[D]. 无锡：江南大学，2011：45.

❷ 包天笑. 上海春秋[M]. 桂林：漓江出版社，1987.

❸ 崔荣荣，牛犁. 明代以来汉族民间服饰变革与社会变迁[M]. 武汉：武汉理工大学出版社，2016：225.

可言。及世界文明，女子解放，于是国中有识女子亦多有从事社会活动。”[1]这段话清晰地描写了大家闺秀社交活动的发展，从完全见不到家人以外的男子，到男女可以同桌宴会，可谓是女性社交史上的飞跃。

女性不再囿于封建家庭而走出家门，从排除在外到逐步自由地参与社会公共活动，内心精神世界的释放往往从外在事物来表征。随着西方各种社交形式的传入，女性为了表现自我个性，在穿着打扮与装饰上表现的五花八门且摩登时尚，花费大量的时间与金钱改变自身形象来适应社会发展，以独立的姿态表现其特有的审美情趣。而在经济中心上海，摩登的近代女性更是不惜以全部的时间与精神，在自己的服装上做功夫，一件件别出心裁、各式各样的装束在跳舞场中或影戏院里出现。由图6-35民国摩登女性形象可见，凸显自我意识的摩登装扮不断翻新，以适应近代女性追逐新型社交场所的需求。

图6-35　民国摩登女性形象

随着社会的开化与城市化进程加快，女性社交空间逐步扩大，以外来娱乐方式为主的新女性公共空间不断涌现。女性群体以全新的形象不断地学习和模仿，融入西式的生活方式，多元化的社交场所对应不同女性社交服饰，如图6-36是在进行健康体育运动的场景，短发女子运动员穿着简洁舒适的西式运动衣，驰骋球场，其健康的体魄与旧社会女子形象截然不同，体现出摩登自信而又健康的新女性形象。

[1] 交际的真义[J]. 玲珑，1935（29）.

图6-36　女子排球赛（选自1934年《时报》号外画报）

西式的社交打扮和生活方式，展现近代女性追求个性自由的千姿百态，多元化的社交场所令女性由不同的标准审视自身穿着，以各自独特的形象践行男女平等的思想，突破了“男女授受不亲”的陈规陋俗，这也是女性冲破原有家庭角色而成为社会活动重要参加者的证明。

近代社会思潮中充斥着来自西方天赋人权、崇尚男女平等的思想观念，惊醒了沉睡千百年的女性意识，加之近代女学的开办，在推动妇女解放自我、追求独立人格与主体意识方面起到了积极作用。近代女性经历了从逐步摆脱男性束缚、走出闺房融入社交与职业场所，到拥有独立人格与社会自主能力，她们社会角色的变化正是自我意识觉醒的表现。而衣裳作为思想的物化表征，反映出这个时代人群的审美意识，从学生装到职业装再到多元与个性的时髦装扮，近代女性通过不同的标准引领时代的着装风貌来适应当下社会角色的变化，同时近代女性衣裳的变革也标志着女性意识的觉醒，开始不断追求个性自由与个性解放。